普通高等院校"十三五"规划教材

U0367531

数据库技术应用基础实验与学习指导
—Access2010

主　编　彭　军　鲁燕飞　万韵

副主编　曾凡兴　刘珊慧　卞秀运
　　　　朱彦杰

编　委　杨　乐　胡亚平

微信扫码查看
教师教学资源

微信扫码查看
学生学习资源

南京大学出版社

图书在版编目（CIP）数据

数据库技术应用基础实验与学习指导：Access2010 /
彭军,鲁燕飞,万韵主编. — 南京：南京大学出版社，2017.12
普通高等院校"十三五"规划教材
ISBN 978 - 7 - 305 - 19749 - 9

Ⅰ. ①数… Ⅱ. ①彭… ②鲁… ③万… Ⅲ. ①关系数
据库系统－高等学校－教材 Ⅳ. ①TP311.138

中国版本图书馆 CIP 数据核字(2017)第 315099 号

出版发行 南京大学出版社
社　　址 南京市汉口路 22 号　　　邮　　编 210093
出 版 人 金鑫荣

丛 书 名 普通高等院校"十三五"规划教材
书　　名 数据库技术应用基础实验与学习指导——Access 2010
编　　著 彭　军　鲁燕飞　万　韵
责任编辑 徐　鹏　何永国　　　　编辑热线 025 - 83597087

照　　排 南京理工大学资产经营有限公司
印　　刷 南京理工大学资产经营有限公司
开　　本 787×1092　1/16　印张 10.5　字数 256 千
版　　次 2017 年 12 月第 1 版　2017 年 12 月第 1 次印刷
ISBN 978 - 7 - 305 - 19749 - 9
定　　价 29.00 元

网　　址：http://www.njupco.com
官方微博：http://weibo.com/njupco
官方微信号：njupress
销售咨询热线：(025)83594756

前　言

本书是《数据库技术应用基础——Access 2010》配套实验指导教材，同时也是教学改革研究与课程教学相结合的成果之一，并结合了企业现实工作中对于数据库的应用需求，目的在于进一步帮助学生理解教材内容，巩固数据库概念，让学生熟悉 Access 2010 的操作及运行环境，切实掌握 Access 2010 的应用方法，从而培养学生的动手操作能力，提升学生的信息素养。

本书分为两个部分，第一部分为实验指导，共编写了 11 个实验，配合教材的各章内容，包括：创建 Access 数据库、数据表的创建与维护、选择与参数查询的实现、交叉表查询与操作查询的实现、创建 SQL 查询、窗体设计、报表设计、数据库安全与管理、宏设计、模块与 VBA 程序设计，最后完成一个小型数据库应用系统实例——教学管理系统的开发。最后一个实验是综合实验，可作为学生期末课程实习的设计案例。第二部分是计算机等级考试二级学习指导，本部分参照计算机等级考试（二级）Access 数据库标准组织内容，组织了两套模拟试题，目的是给参加计算机等级考试（二级）Access 数据库的读者助一臂之力。

本书的实验在结构安排上由实验目的和实验内容组成。

实验目的主要提出本实验的要求和目的，即各实验所需要掌握的程度。

实验内容，包含若干个子实验。每个子实验，由各个实验的教学要求和详细具体的实验操作步骤组成，配合图例，引导读者一步步完成实验内容。

希望通过这样一种操作、思考并重的方式，让学生理解 Access 2010 数据库的基本概念，掌握 Access 2010 数据库的基本操作，具备利用 Access 2010 数据库解决实际问题的能力，为后期的学习和工作奠定基础。

本书由彭军、鲁燕飞、万韵、刘珊慧、朱彦杰、杨乐、胡亚平、曾凡兴、卞秀运共同编写，全书由彭军和鲁燕飞提出框架、负责统稿。在本书的编写和试用过程中，获得了江西昆泰科技有限公司、深圳肆专科技有限公司的多位工程师的大力支持，并得到了江西农业大学、许昌学院和江西应用科技学院等许多老师的帮助，在此表示衷心感谢。

本书也是江西省高等学校教学改革研究省级课题"创新型人才培养视角下校企合作虚拟教学团队建设研究——以信息技术类课程为例"（JXJG—16—3—19）的研究成果之一。

本书所有实验都上机验证通过。实验内容由浅入深，对高等学校和高等职业院校的计算机与非计算机专业的学生均适用，是一套内容新颖、实用的应用型教材。本书不但适合高等学校作为数据库相关课程的教材，也适合使用 Access 2010 设计和开发的相关技术人员自学参考。因编写时间仓促以及编者水平有限，难免存在缺点和不足，恳请同行及广大读者批评指正。

编　者
2017 年 12 月

目　录

第一部分　实验内容

第二部分　模拟试题

第一部分

实验内容

实验 1 创建 Access 数据库

一、实验目的

(1) 熟悉 Access 数据库的主界面及常用操作方法；

(2) 掌握如何创建数据库文件；

(3) 掌握数据库的保存与关闭；

(4) 掌握数据库中对象的组织与管理。

二、实验内容

实验 1-1 完成创建空数据库

1. 实验要求

建立"教学管理. accdb"数据库，并将建好的数据库文件保存在"D:\我的文档\"文件夹中。

2. 实验步骤

(1) 启动 Access 2010 程序，并进入 Backstage 视图，在左侧导航窗格中单击"新建"命令，然后在中间窗格中单击"空数据库"选项，如图 1-1 所示。

图 1-1 创建空白数据库

　　(2) 右侧窗格下方的"文件名"文本框中默认文件名为"Database1.accdb",如图 1－2 所示,在该文本框输入新建文件的名称,再单击"创建"图标按钮;或者单击文本框右侧的浏览按钮,打开"文件新建数据库"对话框,设置存储路径,并输入新数据库的名称,再单击"确定"按钮,如图 1－3 所示,再回到 Access 2010 窗口,单击"创建"图标按钮。

图 1－2　选择数据库存储路径

图 1－3　数据库命名为"教学管理.accdb"

　　(3) 此时,完成空白数据库的创建。

实验 1－2　完成利用模板创建数据库

1. 实验要求

利用模板创建数据库,要求使用样本模板中 6 种以上的模板创建 6 个不同的数据库。

2. 实验步骤举例。

　　(1) 启动 Access 2010,如图 1－1 所示,单击屏幕左上角的"文件"标签,在打开的 Backstage 视图中选择"新建"命令,然后单击"样本模版"图标按钮。此时,进入"可用模版"界面,从列出的 12 个模板中选择需要的模板,这里选择"教职员"数据库选项,如图 1-4 所示。

图 1-4　"教职员"数据库模板

　　(2) 在屏幕右下方弹出的"数据库名称"中输入想要采用的数据库文件名,然后单击"创建"按钮,完成数据库的创建。创建的数据库如图 1-5 所示。

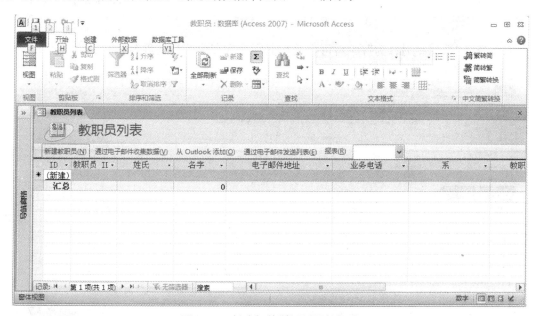

图 1-5　创建好的"教职员"数据库

　　(3) 这样就利用模板创建了"教职员"数据库。使用其他数据库模板同样可以创建不同的数据库系统,其余 5 种请参照以上步骤独立完成。

实验1-3　保存并关闭数据库

1. 实验要求

将以上实验内容创建的各个数据库分别保存，并关闭数据库。

2. 实验步骤

（1）单击屏幕左上角的"文件"标签，在打开的 Backstage 视图中选择"保存"命令，即可保存输入的信息，如图1-6所示。

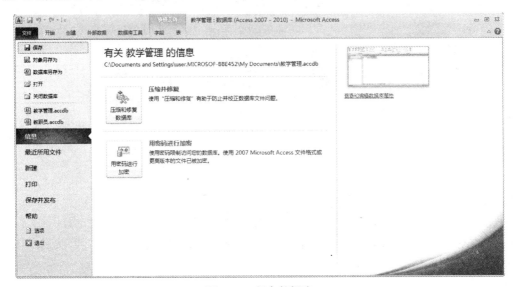

图1-6　保存数据库

（2）选择"数据库另存为"命令，可更改数据库的保存位置和文件名，如图1-7所示。

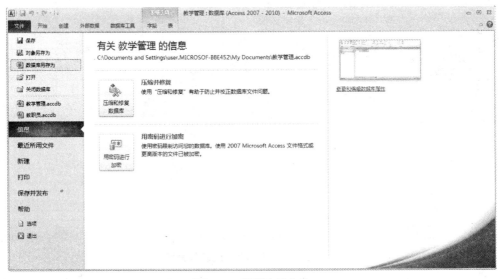

图1-7　数据库另存为

（3）弹出"Microsoft Access"对话框，提示保存数据库前必须关闭所有打开的对象，单击"是"按钮即可，如图1-8所示。

图 1-8　保存提示框

（4）弹出"另存为"对话框，选择文件的存放位置，然后在"文件名"文本框中输入文件名称，单击"保存"按钮即可，如图 1-9 所示。

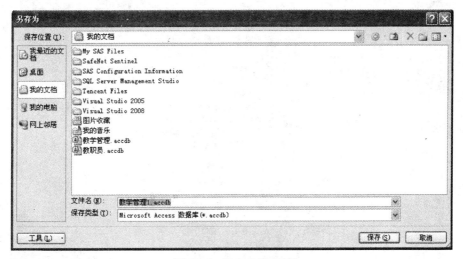

图 1-9　另存为提示框

（5）还可以通过单击快速访问工具栏中的"保存"按钮或按下 Ctrl＋S 组合键来保存编辑后的文件。

（6）单击屏幕右上角的"关闭"按钮，即可关闭数据库，如图 1-10 所示。

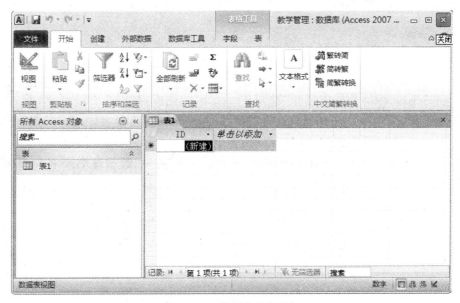

图 1-10　数据库关闭按钮

（7）或者单击左上角的"文件"标签，在打开的 Backstage 视图中选择"关闭数据库"命令，即可关闭数据库，如图 1-11 所示。

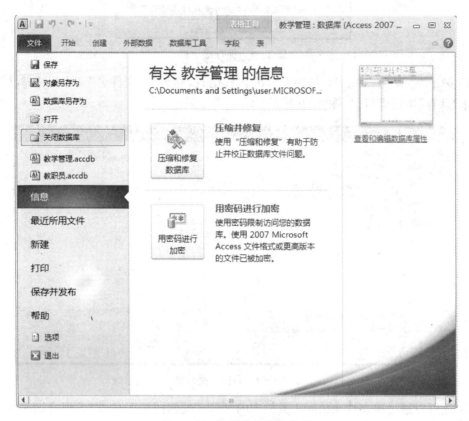

图 1-11　数据库关闭菜单项

实验 1-4　备份数据库

1．实验要求

任选一个数据库进行备份。

2．实验步骤

（1）在 Access 2010 程序中打开"教职员.accdb"数据库，如图 1-12 所示，然后单击"文件"标签，在打开的 Backstage 视图中选择"保存并发布"命令，选择右侧下方的"备份数据库"选项，并单击"另存为"图标按钮。

（2）系统将弹出"另存为"对话框，默认的备份文件名为"数据库名＋备份日期"，如图 1-13所示。

图 1-12　"备份数据库"选项卡

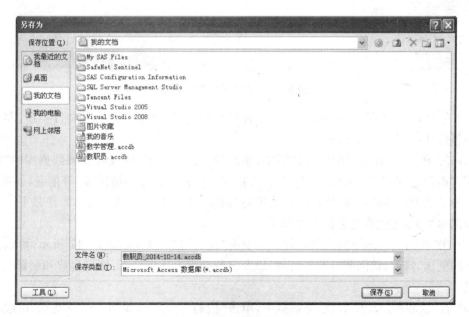

图 1-13　备份数据库命名

（3）单击"保存"按钮，即可完成数据库的备份操作。

实验 1-5　观察数据库属性

1. 实验要求

任选一个数据库观察其属性。

2. 实验步骤

（1）启动 Access 2010，打开任意一个数据库文件。

（2）单击屏幕左上角的"文件"标签，在打开的 Backstage 视图中选择"信息"命令，再选择右侧上方的"查看和编辑数据库属性"按钮，如图 1-14 所示。

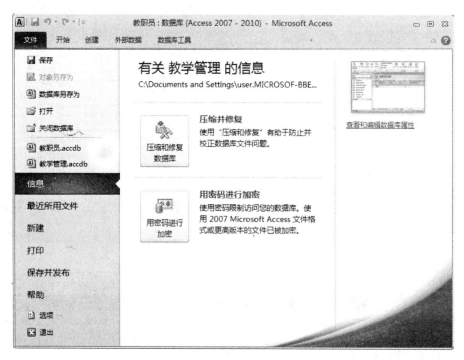

图 1-14　数据库"信息"菜单

（3）在弹出的"教职员. accdb 属性"对话框的"常规"选项卡中显示了文件类型、存储位置与大小等信息，如图 1-15 所示。

（4）在"教职员. accdb 属性"对话框中，单击"摘要"选项卡，可以看到该数据库的"标题"、"主题"、"作者"、"经理"、"单位"、"类别"、"关键词"、"备注"、"超链接基础"等信息，如图 1-16 所示。为了便于以后的管理，建议尽可能填写"摘要"选项卡的信息。这样即使是下一个用户进行数据库维护，也能清楚数据库的内容。

（5）在"教职员. accdb 属性"对话框中，单击"统计"选项卡，如图 1-17 所示，可以看到该数据库的创建、修改、访问和打印的时间，以及该数据库上次保持者、修订次数和编辑时间总计的信息。

（6）在"教职员. accdb 属性"对话框中，单击"内容"选项卡，如图 1-18 所示，可以看到该数据库的文档内容，从中可以知道该数据库中包括哪些表、查询、窗体、报表、数据访问页等数据库对象的信息。

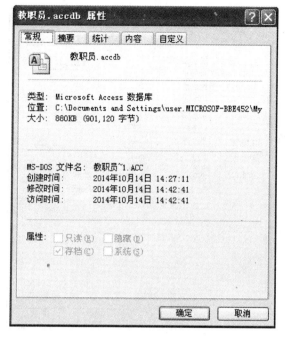

图 1-15　"常规"选项卡

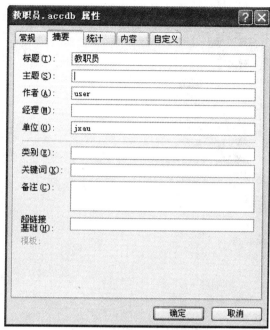

图 1-16　"摘要"选项卡

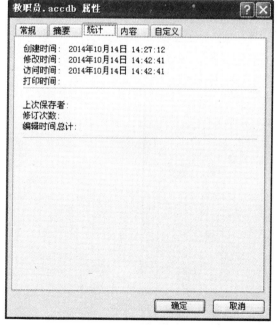

图 1-17　"统计"选项卡

图 1-18　"内容"选项卡

（7）在"教职员.accdb 属性"对话框中,单击"自定义"选项卡,如图 1-19 所示,可以自定义该数据库的属性。

（8）在"自定义"选项卡,单击属性列表,然后可以从名称下拉列表中选择要添加的属性,如图 1-20 所示,选中了要添加的属性之后,单击"添加"按钮,则该属性出现在属性列表中,如图 1-21 所示。

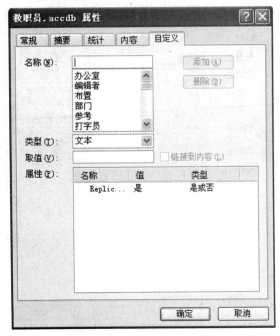

图 1-19　"自定义"选项卡

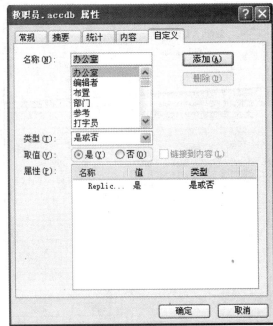

图 1-20　添加"办公室"

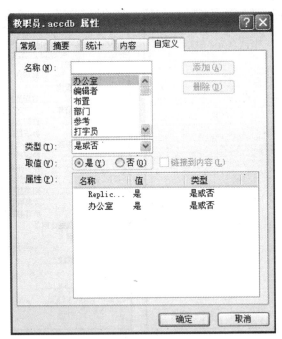

图 1-21　添加自定义属性

实验 1-6　新建数据库,复制报表到新建数据库

1. 实验要求

新建"客户"数据库,要求从罗斯文数据库中复制"客户"表和"客户通讯簿"报表对象到新建的数据库中。

2. 实验步骤

（1）启动 Access 2010，如图 1-1 所示，单击屏幕左上角的"文件"标签，在打开的 Backstage 视图中选择"新建"命令，然后单击"样本模版"图标按钮。此时，进入"可用模版"界面，从列出的 12 个模板中选择需要的模板，这里选择"罗斯文"数据库选项，如图 1-22 所示。

图 1-22　选择"罗斯文"数据库选项

（2）在屏幕右下方弹出的"数据库名称"中输入想要采用的数据库文件名，然后单击"创建"按钮，即完成数据库的创建。创建的数据库如图 1-23 所示。

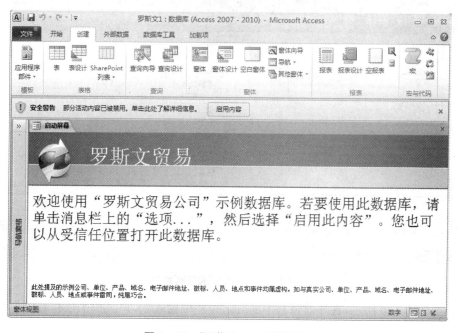

图 1-23　"罗斯文. accdb"数据库

（3）在窗口中部的黄色警告条上单击"启用内容"按钮，进入"登录对话框"，如图1-24所示，单击"登录"按钮，进入该数据库。

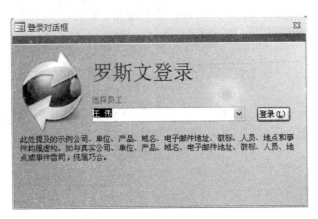

图1-24　数据库登录界面

（4）如图1-25所示，单击左侧的"导航窗格"按钮展开导航窗格，可以看到该数据库的所有对象。

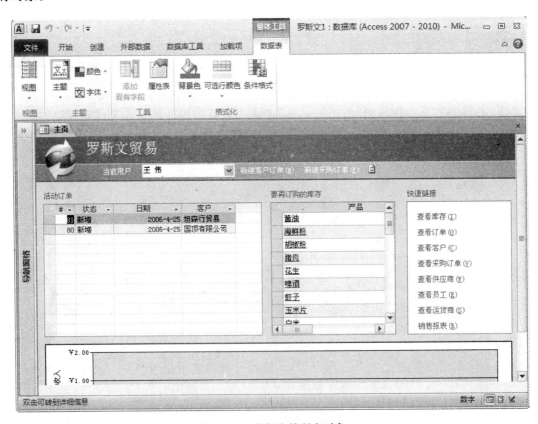

图1-25　数据库的所有对象

（5）如图1-26所示，在导航窗格中的"搜索"栏中输入"客户"，单击该栏右侧的放大镜图标按钮。

图 1 - 26 "搜索"项

（6）搜索结果如图 1 - 27 所示，找到了"客户"表，并将其选中，右击鼠标，在快捷菜单选择"复制"命令。

图 1 - 27 搜索的结果

（7）创建空白数据库，命名为"客户"数据库，如图 1 - 28 所示。

图 1 - 28 创建"客户"数据库

（8）在"客户"数据库的导航窗格的空白处，右击鼠标，在快捷菜单选择"粘贴"命令，弹出"粘贴表方式"对话框，如图 1-29 所示。命名表格，确认粘贴选项为"结构和数据"，单击"确定"按钮。

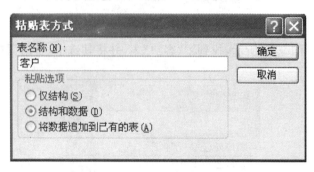

图 1-29 "粘贴表方式"提示框

（9）单击菜单栏"文件"命令，回到 Backstage 视图，选择"罗斯文"数据库，按步骤 3 和步骤 4 操作。

（10）在左侧导航视窗单击向下箭头，如图 1-30 所示，单击"报表"命令。

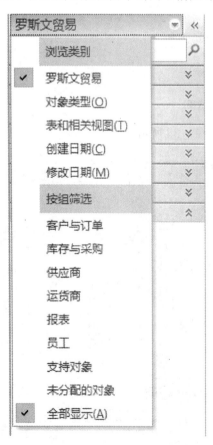

图 1-30 导航视窗

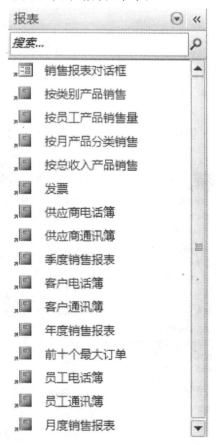

图 1-31 搜索"客户通讯簿"

（11）此时，在导航视窗只出现类型为"报表"的对象，如图 1-31 所示。在搜索栏中输入

"客户通讯簿",可以找到该报表。

(12) 选中"客户通讯簿"报表,右击鼠标,在快捷菜单中选择"复制"命令,然后单击菜单栏"文件"命令,回到 Backstage 视图,选择"客户"数据库,在导航视图右击鼠标,在快捷菜单中选择"粘贴"命令。出现"粘贴为"对话框,如图 1-32 所示。对报表命名,单击"确定"按钮。

图 1-32　粘贴名提示框

(13) 最后,可以在导航视窗看到"客户"数据库中有了两个数据库对象,如图 1-33 所示。

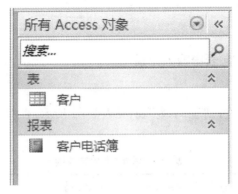

图 1-33　搜索后结果

实验 2　数据表的创建与维护

一、实验目的

(1) 熟练掌握使用数据库表的建立方法；
(2) 掌握表属性的设置；
(3) 掌握记录的编辑、排序和筛选；
(4) 掌握索引和关系的建立。

二、实验内容

实验 2-1　创建表，并向表中输入记录

1. 实验要求

创建"教学管理.accdb"，再创建"学生"表，见表 2-1 所示，表中内容以学生所在班级的数据进行输入。

表 2-1　"学生"表的表结构

字段名	字段的数据类型	字段大小	小数位数	备　注
学号	文本型	8		主健
姓名	文本型	8		
性别	文本型	1		
党员	是/否型	1		
出生日期	日期/时间型	8		
入学成绩	数字型	单精度型	1	有效性规则为：$\geqslant 1$ And $\leqslant 750$
家庭住址	备注型	由字符多少决定		
入学时间	日期/时间型	8		
照片	OLE 对象型	由对象多少决定		

2. 实验步骤

(1) 启动 Access 2010，打开"教学管理"数据库。

(2) 在"创建"选项卡的"表格"组中单击"表设计"按钮，打开表设计窗，如图 2-1 所示。

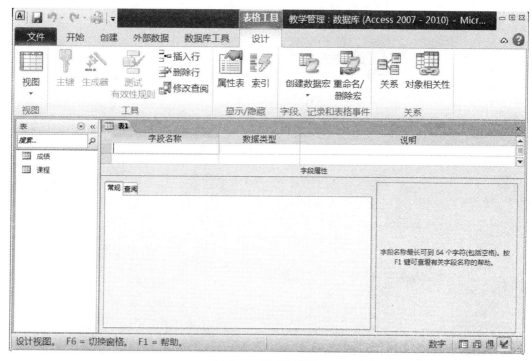

图 2-1 表设计视图

（3）在表编辑器中，逐行输入表 2-1 中各个字段的名称，并选择相应数据类型，然后在下方的"常规"选项卡中设置字段大小、小数位数、有效性规则、索引等信息，如图 2-2 所示。

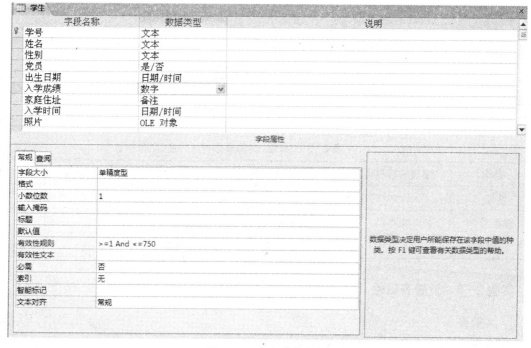

图 2-2 定义表中字段

（4）设置完成后，单击"文件"菜单中的"保存"命令，打开"另存为"对话框，在"表名称"文本框中输入表名"学生",然后单击"确定"按钮,保存创建的表,如图 2-3 所示。

图 2-3　"另存为"对话框

参照步骤(1)—(4),完成见表 2-2 和表 2-3 所示"课程"和"成绩"表的创建,实验步骤略。

表 2-2　"课程"表的表结构

字段名	字段的数据类型	字段大小	小数位数	备　注
课程号	文本型	8		主健
课程名	文本型	20		
学时	数字型	单精度型	0	
学分	数字型	单精度型	1	

表 2-3　"成绩"表的表结构

字段名	字段的数据类型	字段大小	小数位数	备　注
学号	文本型	8		主健
课程号	文本型	8		主健
成绩	数字型	单精度型	0	

实验 2-2　设置表属性

1. 实验要求

为"学生"表设置"学号"字段输入掩码为 8 位的数字。

2. 实验步骤

(1) 启动 Access 2010,打开"教学管理"数据库。

（2）在左侧"导航窗格"中选择表对象"学生"，右击鼠标，选择"设计视图"命令，如图 2-4 所示。

图 2-4　选择"学生"表设计视图

（3）进入设计视图，选中"学号"字段，单击下方"常规"选项卡中"输入掩码"右侧空白处，输入"99999999"，如图 2-5 所示。

图 2-5　"输入掩码"设置

实验 2-3　设置表字段默认值,有效性文本设置

1. 实验要求

为"学生"表设置"性别"字段只能输入"男"或"女","入学成绩"字段输入数值要在 0～750 之间,并分别在"有效性文本"给出提示。

2. 实验步骤

(1) 启动 Access 2010,打开"教学管理"数据库。

(2) 在"导航"窗格中选择表对象"学生",进入设计视图,选中"性别"字段,在"有效性规则"文本框中输入:""男"Or"女"",在"有效性文本"文本框中输入:"请输入男或女",如图 2-6 所示。

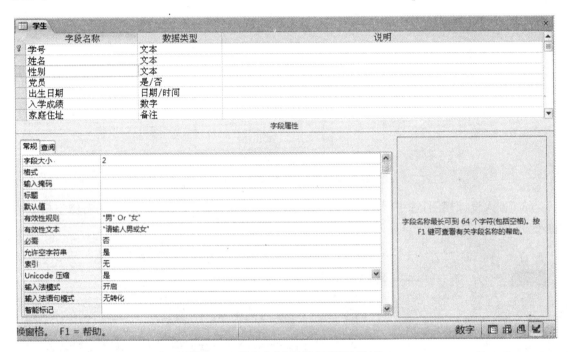

图 2-6　学生表"有效性规则"设置(1)

(3) 在导航窗口中选择"入学成绩"表,进入设计视图。选中"入学成绩"字段,在"有效性规则"文本框中输入">=0 and <=750",如图 2-7 所示,并在"有效性文本"文本框中输入"请输入 0～750 之间的数"。

图 2-7 学生表"有效性规则"设置(2)

实验 2-4 表有效性规则设置

1. 实验要求

为"学生"表设置"入学时间"字段的值要比"出生日期"大。

2. 实验步骤

(1) 启动 Access 2010,打开"教学管理"数据库。

(2) 在"导航"窗格中选择表对象"学生",进入设计视图,选中"出生日期"字段,单击鼠标右键,在下拉选项中选择"属性"命令,如图 2-8 所示。

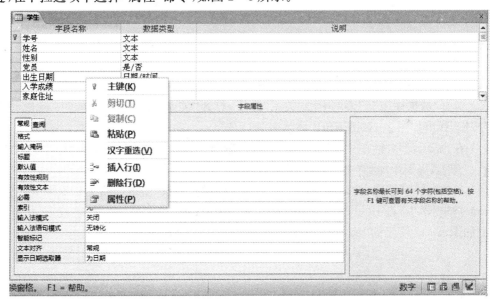

图 2-8 学生表"有效性规则"设置(3)

（3）在弹出的"属性表"对话框中单击"有效性规则"框，接着单击该框右侧的省略号按钮，调用表达式生成器。

（4）在表达式生成器中双击字段名称"出生日期"，从键盘上输入"＜"运算符，再双击字段名称"入学时间"，组成该应用问题所需的表达式，然后单击"确定"按钮，如图 2-9 所示。

（5）关掉"属性表"对话框，单击 Access 2010 工具栏上的"保存"按钮，保存以上设置。

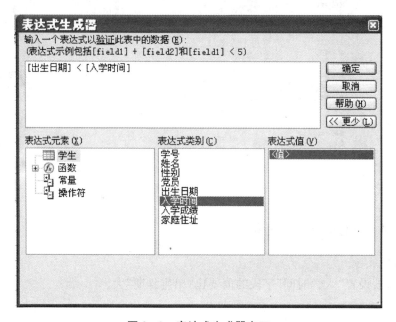

图 2-9   表达式生成器窗口

实验 2-5   建立表间关系

1. 实验要求

为"学生"表、"课程"表和"成绩"表建立关系。

2. 实验步骤

（1）启动 Access 2010，打开"教学管理"数据库。

（2）选择"数据库工具"菜单中的"关系"命令，打开"关系"窗口，然后单击工具栏上的"显示表"按钮，弹出如图 2-10 所示的"显示表"对话框。

（3）在"显示表"对话框中单击"学生"表，然后单击"添加"按钮，接着使用同样的方法将"成绩"、"课程"等表添加到"关系"窗口中。

（4）单击"关闭"按钮，关闭"显示表"对话框，此时的"关系"窗口如图 2-11 所示。

（5）选定"学生"表中的"学号"字段，将其拖动到"成绩"表中的"学号"字段上，松开鼠标，会弹出如图 2-12 所示的"编辑关系"对话框。

图 2-10　"显示表"对话框图

图 2-11　添加了表的"关系"窗口

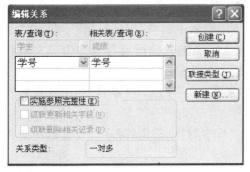

图 2-12　"编辑关系"对话框图

图 2-13　建立 3 个表之间的关系

（6）在"编辑关系"对话框中应选择"实施参照完整性"复选框，应根据需求决定选择或不选择"级联更新相关字段"复选框和"级联删除相关记录"复选框。然后单击"创建"按钮，主表"学生"表就与相关表"成绩"表按公共字段"学号"建立了一对多的关系。

（7）用同样的方法，对"课程"表与"成绩"表按"课程号"建立一对多的关系。建立关系后的效果如图 2-13 所示。

（8）单击"关闭"按钮，这时 Access 2010 询问是否保存布局的更改，单击"是"按钮。

实验 2-6　表的筛选和排序

1．实验要求

对"学生"表进行筛选和排序：筛选出生日期为 1996 年 9 月 1 日以后的家庭住址不在"江西省南昌市"的学生，并按入学成绩降序排列。

2．实验步骤

（1）启动 Access 2010，打开"教学管理"数据库。

（2）在"数据表视图"中打开"学生"表。

（3）在"开始"选项"排序和筛选"组中，单击"高级"按钮 ，在弹出的下拉列表中选择"高级筛选/排序"命令项，如图 2-14 所示，打开"筛选"窗口。

图 2‑14　高级筛选/排序命令

（4）在设计网格中，单击第一列的"字段"栏，从字段列表中选择"出生日期"字段，在"条件"栏中选择输入"＞#1996－9－1#"，注意：此处及下文要输入的所有符号均为英文半角字符。

（5）单击第二列的"字段"栏，从字段列表中选择"家庭地址"字段，在"条件"栏中选择输入"＜＞"江西省南昌市""。

（6）单击第三列的"字段"栏，选定"入学成绩"，在"排序"栏中选定"降序"，设置后的条件如图 2‑15 所示。

图 2‑15　设置高级筛选/排序条件

（7）单击"排序和筛选"组中的"应用筛选"按钮,排序结果如图 2-16 所示。

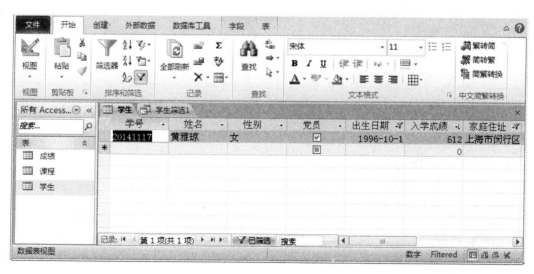

图 2-16　应用筛选结果

实验 3　选择与参数查询的实现

一、实验目的

(1) 掌握查询准则的使用方法；
(2) 掌握选择查询的基本方法；
(3) 掌握参数查询的基本方法。

二、实验内容

准备好一个数据库"教学管理"，其中包括实验二中创建的"学生"表、"课程"表、"成绩"表三个表，并参照图 2-13 建立好关系。学生表中的内容为学生所在班级学生信息，表结构参照表 2-1、表 2-2 和表 2-3 所示；课程表包括"课程号"、"课程名"、"学时"和"学分"四个字段，内容为上学期所开设的各门课程；成绩表包括"学号"、"课程号"、"成绩"三个字段，内容自拟。并将该数据库保存到 U 盘等设备，以便后续实验的开展。

实验 3-1　利用查询向导查询表中信息(1)

1. 实验要求
利用查询向导从学生表中查询"学号"、"姓名"和"入学成绩"等信息。

2. 实验步骤

(1) 打开"教学管理"数据库，打开"学生"表。在"创建"选项卡上的"查询"组中，单击查询向导命令。

(2) 在打开的"新建查询"对话框中，选中"简单查询向导"，然后单击"确定"按钮，如图3-1所示。

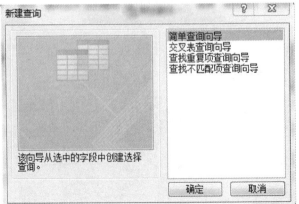

图 3-1　"新建查询"对话框

（3）在打开的"请确定查询中使用哪些字段"对话框中，在"表/查询"下拉框中，选中要使用的"表：学生"。

（4）在"可用字段"窗格中，选中"学号"，单击 ＞ 按钮，把它发送到"选定字段"窗格中，然后用同样的方法，依次选中"姓名"和"入学成绩"字段，把它们发送到"选定字段"窗格中，单击"下一步"按钮，如图 3-2 所示。

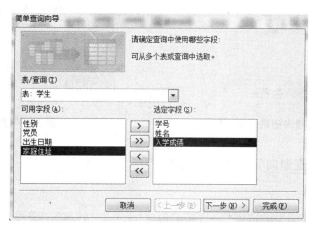

图 3-2　"请确定查询中使用哪些字段"对话框

（5）在打开的"请确定采用明细查询还是汇总查询"对话框中，选择"明细（显示每个记录的每个字段）(D)"，再单击"下一步"按钮，如图 3-3 所示。

图 3-3　"请确定采用明细查询还是汇总查询"对话框

（6）在打开的"请为查询指定标题"对话框中，使用默认标题"学生查询"或自行输入标题，使用默认设置"打开查询查看信息"，单击"完成"按钮，如图 3-4 所示。

（7）在关闭查询向导对话框后，打开查询的数据表视图就可以看到查询的结果，如图 3-5 所示。

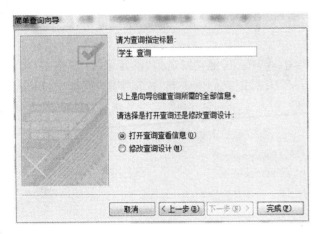

图 3-4 "请为查询指定标题"对话框   图 3-5 查询的结果

实验 3-2 利用查询向导查询表中信息(2)

1. 实验要求

利用查询向导查询学生的选课情况,要求包含"学号"、"姓名"、"课程号"等信息。

2. 实验步骤

(1) 打开"教学管理"数据库。在"创建"选项卡上的"查询"组中,单击 命令。

(2) 在打开的"新建查询"对话框中,选择"简单查询向导"选项,然后单击"确定"按钮,如图 3-1 所示。

(3) 在打开的"请确定查询中使用哪些字段"对话框中,在"表/查询"列表框中,首先选择"表:成绩",在"可用字段"窗格中,双击"学号"字段,将该字段发送到"选定字段"窗格中。然后再分别选择"学生"表和"课程"表,分别把两个表中的"姓名"字段和"课程名"字段发送到"选定字段"窗格中,单击"下一步"按钮,如图 3-6 所示。

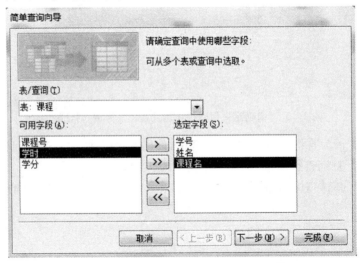

图 3-6 "请确定查询中使用哪些字段"对话框

（4）在打开的"请为查询指定标题"对话框中,使用默认标题"成绩查询"或者自行输入标题,单击"完成",如图3-7所示。

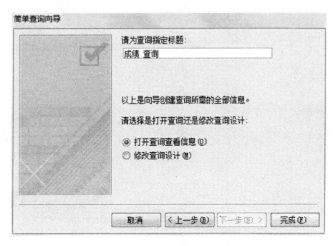

图 3-7　"请为查询指定标题"对话框

（5）单击"完成"后会弹出查询的结果,如图3-8所示。

学号	姓名	课程名
20141111	张莉	数据库技术与应用基础
20141112	赵鹏	数据库技术与应用基础
20141113	张佳洁	Web系统开发与设计
20141111	张莉	管理信息系统
20141114	杨尚书	Web系统开发与设计
20141115	沈洁	计算机网络
20141116	周德华	数据库技术与应用基础
20141117	黄雅琼	Web系统开发与设计
20141118	万华	信息资源管理
20141119	杨桃	数据库技术与应用基础
20141111	张莉	电子商务概论

图 3-8　学生选课查询的结果

实验 3-3　使用查询设计器,设计查询(1)

1. 实验要求

使用查询设计,查询不及格学生"学号"、"姓名"、"课程号"和"成绩"等信息。

2. 实验步骤

（1）打开"教学管理"数据库,在"创建"选项卡上的"查询"组中,单击 按钮,则打开"查询设计视图"窗口,如图3-9所示。

图 3 - 9 　"查询设计视图"窗口

　　(2) 在"显示表"对话框中,按住 Ctrl 键,依次单击"学生"、"课程"和"成绩",选中此次查询中所需的三个表,然后单击"添加"按钮,则三个表就出现在查询设计视图上部的"对象"窗格中。由于之前已经对"教学管理"数据库中的这三个表建立了"关系",因此,在添加后,这些表之间的关系会自动显示出来。接下来,单击"关闭"按钮,即关闭"显示表"对话框。

　　(3) 在字段行中,将光标定位在第一个单元格中,会出现 按钮,点击后会弹出下拉菜单,在下拉菜单中选择"学生. 学号",如图 3 - 10 所示。用同样的方法,分别在字段行的第二个、第三个、第四个单元格中选择"学生. 姓名"、"课程. 课程名"、"成绩. 成绩"。

图 3 - 10 　字段选择

　　(4) 在设计网格的"成绩"列的"条件"行单元格中,输入查询条件"＜60",如图 3 - 11 所示。

字段：	学号	姓名	课程名	成绩
表：	学生	学生	课程	成绩
排序				
显示	☑	☑	☑	☑
条件				<60
或				

图3-11 选择字段、输入条件后的设计网格

(5) 在"设计"选项卡的"结果"组中，单击 或 ！ 按钮，得出查询结果，如图3-12所示。

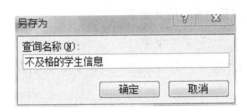

学号	姓名	课程名	成绩
20141114	杨尚书	Web系统开发与设计	56
20141116	周德华	数据库技术与应用基础	58
20141118	万华	信息资源管理	59

图3-12 不及格学生信息的查询结果

(6) 在快捷工具栏上，单击"保存"按钮，打开"另存为"对话框，输入查询名称"不及格的学生信息"，单击"确定"按钮，如图3-13所示。

图3-13 "另存为"对话框

实验3-4 使用查询设计器，设计查询(2)

1. 实验要求

使用查询设计，查询所有入学成绩≥=600分的女生的"学号"、"姓名"和"入学成绩"等信息。

2. 实验步骤

(1) 打开"教学管理"数据库，在"创建"选项卡上的"查询"组中，单击 按钮，则打开"查询设计视图"窗口，如图3-14所示。

(2) 在"显示表"对话框中，选中"学生"，然后单击"添加"按钮，则"学生"表添加到查询设计视图上部的"对象"窗格中。单击"关闭"按钮，则关闭"显示表"对话框。

(3) 在字段行中分别选中"学号"、"姓名"、"入学成绩"和"性别"。其中，将"性别"字段列"显示"行的复选去掉。

(4) 在"入学成绩"列的条件行单元格中输入"＞=600"，再在"性别"列的条件行单元格中输入""女""，如图3-14所示。

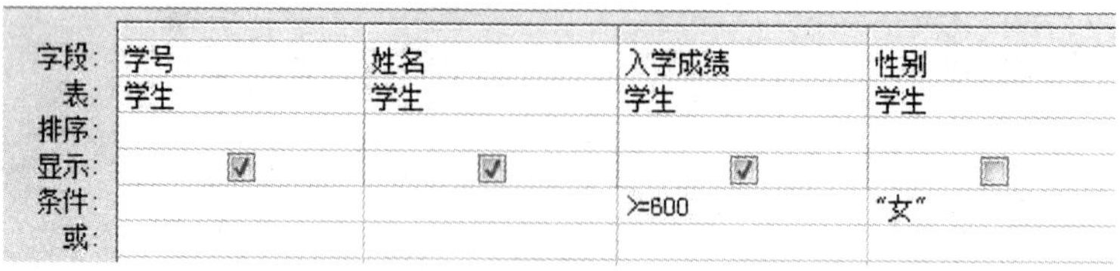

图 3-14　选择字段、显示及输入条件后的设计网格

（5）在"设计"选项卡的"结果"组中，单击 视图 或 运行 按钮，得出查询结果，如图 3-15 所示。

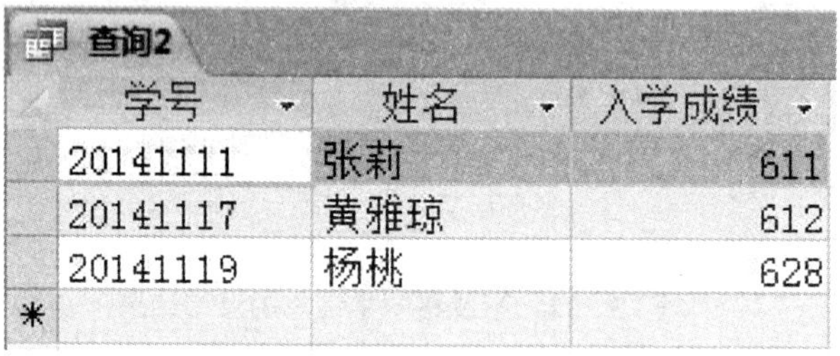

图 3-15　600 分以上女生查询结果

实验 3-5　使用查询设计器，设计查询（3）

1. 实验要求

使用查询设计，查询姓"刘"和"张"的同学的"学号"、"姓名"和"家庭住址"。

2. 实验步骤

（1）打开"教学管理"数据库，在"创建"选项卡上的"查询"组中，单击 查询设计 按钮打开"查询设计视图"窗口。

（2）在"显示表"对话框中，选中"学生"，然后单击"添加"按钮，则"学生"表添加到查询设计视图上部的"对象"窗格中。单击"关闭"按钮，关闭"显示表"对话框。

（3）在字段行中分别选中"学号"、"姓名"和"家庭住址"。

（4）在"姓名"列的条件行单元格中输入"Like"刘""，然后在"姓名"列的或行单元格中输入"Like"张""，如图 3-16 所示。

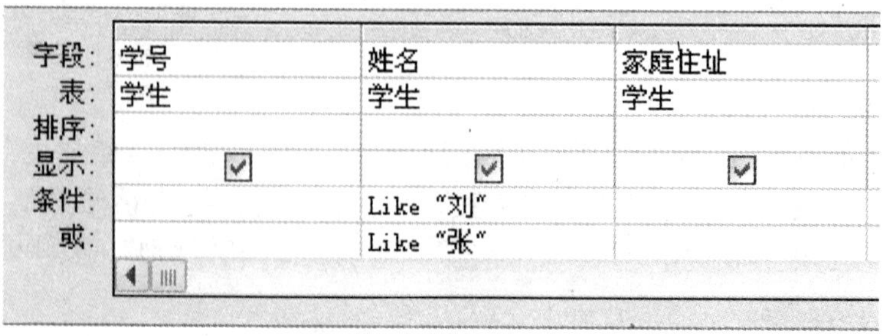

图 3-16　设置查询条件

（5）在"设计"选项卡的"结果"组中,单击 ▦ 或 ❗ 按钮,得出查询结果。

视图   运行

实验 3 - 6   使用查询设计器,进行统计查询(1)

1. 实验要求

使用查询设计,统计"学生"表中男女生的人数。

2. 实验步骤

（1）打开"教学管理"数据库,在"创建"选项卡上的"查询"组中,单击"查询设计"按钮打开"查询设计视图"窗口。

（2）在"显示表"对话框中,选中"学生",然后单击"添加"按钮,则"学生"表添加到查询设计视图上部的"对象"窗格中。单击"关闭"按钮,关闭"显示表"对话框。

（3）在字段行中分别选中"性别"和"学号"。

（4）在"设计"选项卡的"显示/隐藏"组中,单击 ∑ 按钮,则在查询设计网格中增加"总计"行。

（5）在"性别"字段列的"总计"行选择"Group by",在"学号"字段列的"总计"行选择"计数",并将"学号"字段列重命名为"人数",如图 3 - 17 所示。

字段:	性别	人数:学号
表:	学生	学生
总计:	Group By	计数
排序:		
显示:	✓	✓
条件:		
或:		

图 3 - 17   统计男女生人数的设置

（6）在"设计"选项卡的"结果"组中,单击"运行"按钮,得出查询结果。

实验 3 - 7   使用查询设计器,进行统计查询(2)

1. 实验要求

使用查询设计,统计每个同学所修总学分。

2. 实验步骤

（1）打开"教学管理"数据库,在"创建"选项卡上的"查询"组中,单击"查询设计"按钮打开"查询设计视图"窗口。

（2）在"显示表"对话框中,按住 Ctrl 键的同时,选中"学生"、"课程"和"成绩",然后单击"添加"按钮,则"学生"表、"课程"表和"成绩"表添加到查询设计视图上部的"对象"窗格中。单击"关闭"按钮,关闭"显示表"对话框。

（3）在字段行中分别加入"学号"、"姓名",在字段行第三列输入表达式"总学分:Sum([课程]![学分])"。

（4）在"设计"选项卡的"显示/隐藏"组中,单击 ∑ 按钮,则在查询设计网格中增加了"总计"行。

(5) 在"学号"字段列和"姓名"字段列的"总计"行选择"Group by",在第三个字段列的"总计"行选择"Expression",如图 3-18 所示。

字段:	学号	姓名	总学分: Sum([课程]![学分])
表:	成绩	学生	
总计:	Group By	Group By	Expression
排序:			
显示:	☑	☑	☑
条件:			
或:			

图 3-18 统计每个学生所修总学分的设置

(6) 在"设计"选项卡的"结果"组中,单击"运行"按钮,得出查询结果。

实验 3-8 使用查询设计器,进行统计查询(3)

1. 实验要求

利用查询设计,统计"信息资源管理"课程不及格的人数。

2. 实验步骤

(1) 打开"教学管理"数据库,在"创建"选项卡上的"查询"组中,单击"查询设计"按钮打开"查询设计视图"窗口。

(2) 在"显示表"对话框中,按住 Ctrl 键的同时,选中"课程"表和"成绩"表,然后单击"添加"按钮,则"课程"表和"成绩"表添加到查询设计视图上部的"对象"窗格中。单击"关闭"按钮,则关闭"显示表"对话框。

(3) 在字段行中分别加入"学号"、"课程名"、"成绩"三个字段。

(4) 在"设计"选项卡的"显示/隐藏"组中,单击 ∑ 按钮,则在查询设计网格中增加了"总计"行。

(5) 在"学号"字段列的"总计"行选择"计数","课程名"字段列的"总计"行选择"Where",并在该列的条件行输入查询条件""信息资源管理"",在"成绩"字段列的"总计"行选择"Where",并在该列的条件行输入查询条件"<60",具体设置如图 3-19 所示。

字段:	人数: 学号	课程名	成绩
表:	成绩	课程	成绩
总计:	计数	Where	Where
排序:			
显示:	☑		
条件:		"信息资源管理"	<60
或:			

图 3-19 不及格人数的查询设置

(6) 在"设计"选项卡的"结果"组中,单击"运行"按钮,得出查询结果。

实验 3-9 修改查询字段名

1. 实验要求

将实验 3-3 中"不及格的学生"查询中的"成绩"标题命名为"期末成绩"。

2. 实验步骤

(1) 打开"教学管理"数据库,在"导航栏"中将浏览类别切换为"查询",双击"不及格的学生"查询将其打开,如图 3 - 20 所示。

图 3 - 20   打开不及格学生查询

(2) 切换到设计视图,把光标定位在"成绩"标题单元格中,输入"期末成绩:成绩"。注意,字段标题和字段名称之间一定要用冒号(英文)分隔,如图 3 - 21 所示。

字段:	学号	姓名	课程名	期末成绩:成绩 ▼
表:	学生	学生	课程	成绩
排序:				
显示:	☑	☑	☑	☑
条件:				<60
或:				

图 3 - 21   直接为字段标题重新命名

或者把光标定位在"成绩"字段的单元格中,单击鼠标右键,选择快捷菜单中的"属性"命令,打开"属性表"对话框,在"标题"栏中输入"期末成绩",如图 3 - 22 所示。

图 3 - 22   属性表对话框

(3) 运行查询,可看到查询结果中的"成绩"字段已更改为"期末成绩",如图 3 - 23 所示。

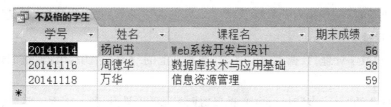

图 3 - 23   更改后的结果

实验 3-10 使用查询设计器,进行统计查询(4)

1. 实验要求

使用查询设计,查询学生表中入学成绩的平均分。

2. 实验步骤

(1) 打开"教学管理"数据库,在"创建"选项卡上的"查询"组中,单击查询设计按钮打开"查询设计视图"窗口。

(2) 在"显示表"对话框中,选中"学生"表,然后单击"添加"按钮,则"学生"表添加到查询设计视图上部的"对象"窗格中。单击"关闭"按钮,关闭"显示表"对话框。

(3) 将光标定位在字段行第 2 列单元格中,选择"查询工具"中的 生成器 ,弹出"表达式生成器"对话框,在表达式方框中输入"平均分:Avg([学生]![入学成绩])",如图 3-24 所示。

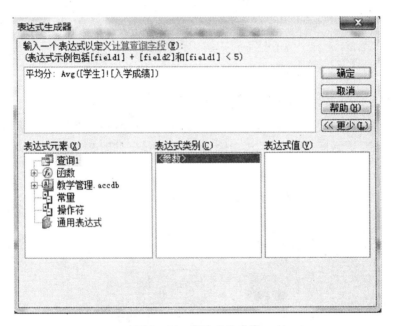

图 3-24 表达式生成器

(4) 单击"确定"按钮,则返回查询设计视图。运行该查询,得出查询结果。

实验 3-11 使用查询设计器,设计参数查询(1)

1. 实验要求

使用查询设计,实现由对话框输入学生学号查询该学生的"课程号"、"成绩"等信息。

2. 实验步骤

(1) 打开"教学管理"数据库,在"创建"选项卡上的"查询"组中,单击"查询设计",打开"查询设计视图"窗口。

(2) 在打开的"显示表"对话框中,选择"成绩"表和"课程"表。并逐一将"成绩"表中的"学号"、"课程"表中的"课程名"和"成绩"表中的"成绩"字段拖到设计网格中。

（3）在"学号"条件中输入"[请输入所需查询的学号：]"，如图 3‑25 所示。

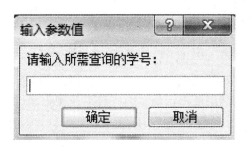

图 3‑25　单参数查询设计

（4）在"设计"选项卡的"结果"组中，单击运行按钮，弹出如图 3‑26 所示的"输入参数值"对话框。

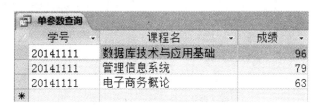

图 3‑26　输入参数值对话框

（5）输入要查询的学号，如输入"20141111"，然后单击"确定"按钮，得到如图 3‑27 所示查询结果。

学号	课程名	成绩
20141111	数据库技术与应用基础	96
20141111	管理信息系统	79
20141111	电子商务概论	63

图 3‑27　单参数查询结果

实验 3‑12　使用查询设计器，设计参数查询（2）

1. 实验要求

使用查询设计，实现由对话框分别输入学生学号和课程名查询该学生的该门课程的"成绩"信息。

2. 实验步骤

（1）打开"教学管理"数据库，在"创建"选项卡上的"查询"组中，单击"查询设计"，打开"查询设计视图"窗口。

（2）在打开的"显示表"对话框中，将"学生"表、"成绩"表和"课程"表添加到"查询设计视图"的"对象"窗格中。依次将"学生"表中的"姓名"字段、"课程"表中的"课程名"字段、"成绩"表中的"成绩"字段拖入到设计网格中。然后在"姓名"列的"条件"单元格中输入"［请输入姓名：］"，在"课程名"列的"条件"单元格中输入"［请输入课程名：］"，如图 3‑28 所示。

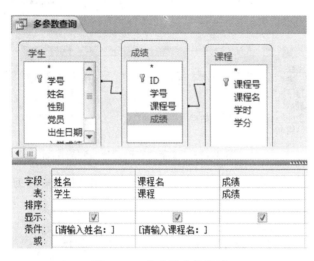

图 3‑28　多参数查询设计

（3）在"设计"选项卡的"结果"组中，单击运行按钮，弹出"输入参数值"对话框。

（4）根据"输入参数值"对话框的提示信息输入姓名及课程名，例如：查询张莉的管理信息系统的成绩，则分别如图 3‑29 和图 3‑30 所示输入查询条件，运行之后得出如图 3‑31 所示查询结果。

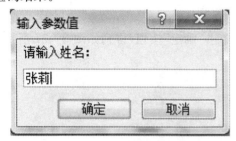

图 3‑29　输入参数值对话框 1

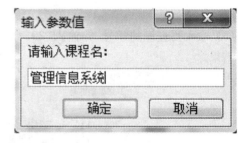

图 3‑30　输入参数值对话框 2

图 3‑31　多参数查询结果

实验4 交叉表查询与操作查询的实现

一、实验目的

(1) 掌握交叉表查询的基本方法;
(2) 掌握操作查询的基本方法。

二、实验内容

实验4-1 创建交叉表查询(1)

1. 实验要求

对"学生"表创建交叉表查询,计算每个专业的男、女生人数。

2. 实验步骤

(1) 打开"教学管理"数据库,打开"学生"表,如图4-1所示。

学生							
学号	姓名	性别	党员	出生日期	入学成绩	家庭住址	专业
⊞ 20141111	张莉	女	☐	1996/8/30	611	江西省南昌市	计科
⊞ 20141112	赵鹏	男	☑	1996/6/1	505	陕西省西安市	信管
⊞ 20141113	张佳洁	女	☐	1996/7/1	510	江苏省南京市	计科
⊞ 20141114	杨尚书	男	☑	1996/12/6	606	江西省南昌市	电商
⊞ 20141115	沈洁	女	☐	1995/12/30	555	山西省太原市	网工
⊞ 20141116	周德华	男	☐	1995/11/6	509	北京市西城区	电商
⊞ 20141117	黄雅琼	女	☑	1996/10/1	612	上海市闵行区	信管
⊞ 20141118	万华	男	☐	1995/10/8	549	浙江省杭州市	计科
⊞ 20141119	杨桃	女	☑	1996/7/18	628	福建省福州市	计科

图4-1 学生表

(2) 在"创建"选项卡上的"查询"组中,单击"查询设计"按钮,打开"查询设计视图"窗口。

(3) 在打开"显示表"对话框中,选择"学生"表,单击"添加"按钮,将"学生"表添加到"查询视图"中的"对象"窗格中,然后关闭"显示表"对话框。

(4) 把"学号"、"性别"和"专业"三个字段分别加入到查询设计网格的字段行中,如图4-2所示。

字段	学号 ▼	性别	专业
表	学生	学生	学生
排序			
显示	☑	☑	☑
条件			
或			

图4-2 查询设计

　　（5）在快捷工具栏中，单击"保存"按钮，在打开的"另存为"对话框中，输入"专业人数交叉表数据源"，然后单击"确定"按钮，关闭所创建的这个查询。

　　以上五步都是为了创建交叉表查询向导做准备工作，下面开始使用查询向导创建交叉表查询。

　　（6）在"创建"选项卡上的"查询"组中，单击"查询向导"按钮。

　　（7）在打开的"新建查询"对话框中，选中"交叉表查询向导"，单击"确定"按钮，如图4-3所示。

图4-3　"新建查询"对话框

　　（8）在打开的"请指定哪个表或查询中含有交叉表查询结果所需的字段"对话框中，在"视图"区选中"查询"。在数据源列表中选择"查询：专业人数交叉表数据源"，然后单击"下一步"按钮，如图4-4所示。

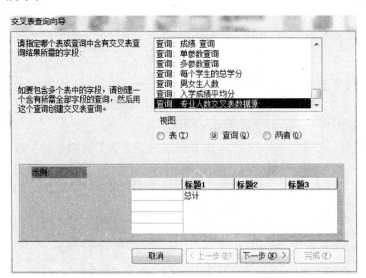

图4-4　"请指定哪个表或查询中含有交叉表查询结果所需的字段"对话框

(9) 在打开的"请确定用哪些字段的值作为行标题"对话框中,在"可用字段"窗格中,双击"专业",将其发送到"选定字段"的窗格中,如图 4-5 所示。再单击"下一步"按钮。

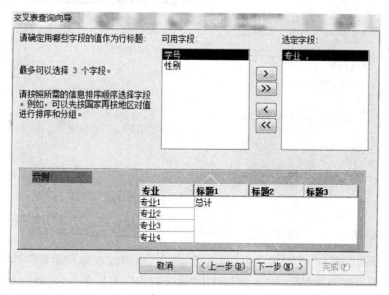

图 4-5　"请确定用哪些字段的值作为行标题"对话框

(10) 在打开的"请确定用哪个字段的值作为列标题"对话框中,选择"性别"作为列标题,且"总计"要放在计算位置处。单击"下一步"按钮,如图 4-6 所示。

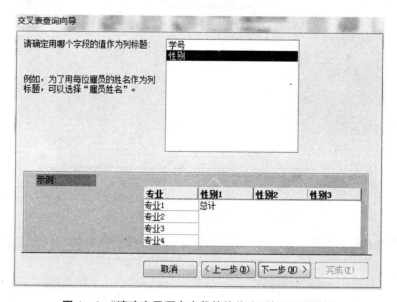

图 4-6　"请确定用哪个字段的值作为列标题"对话框

(11) 在打开的"请确定为每个列和行的交叉点计算出什么数字"对话框中,在"函数"列中,选中"Count",然后单击"下一步",如图 4-7 所示。

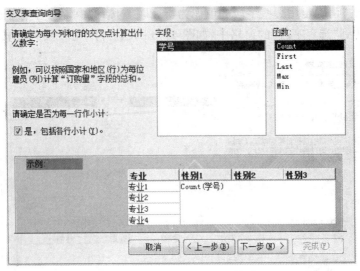

图 4－7　"请确定为每个列和行的交叉点计算出什么数字"对话框

（12）在打开的"请指定查询的名称"对话框中，在"请指定查询的名称"文本框中，系统自动生成"专业人数交叉表数据源_交叉表"，选中"修改查询"，然后单击"完成"，如图 4－8 所示。

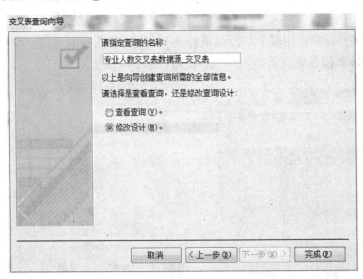

图 4－8　"请指定查询的名称"对话框

（13）打开查询设计视图，把最后一列中的"字段"行单元格中的"总计"删除，如图 4－9 所示。

字段:	[专业]	[性别]	[学号]
表:	专业人数交叉表数据	专业人数交叉表数据	专业人数交叉表数据
总计:	Group By	Group By	计数
交叉表:	行标题	列标题	值
排序:			
条件:			
或:			

图 4－9　删除"总计"列后的查询设计

(14) 在“设计”选项卡“结果”组中，单击“运行”按钮，可以得到如图4-10所示查询结果。

专业人数交叉表数据源_交叉表

专业	男	女
电商	2	
计科	1	3
网工		1
信管	1	1

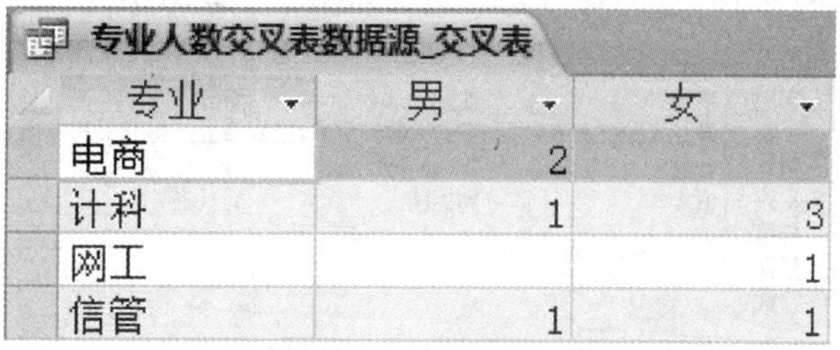

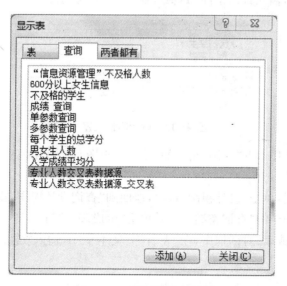

图4-10　交叉表查询结果

实验4-2　创建交叉表查询(2)

1. 实验要求

使用设计视图统计“学生”表中各专业的人数。

2. 实验步骤

(1) 重复实验4-1中的第(1)至第(5)步，创建交叉表数据源。

(2) 选择“创建”选项卡上的“查询”组中，单击“查询设计”按钮，打开“查询设计视图”窗口。

(3) 在“显示表”对话框中点击“查询”选项卡，选中“专业人数交叉表数据源”，然后单击“添加”按钮，如图4-11所示。

图4-11　“显示表”对话框

(4) 单击“关闭”按钮，关闭“显示表”对话框。

(5) 在“设计”选项卡的“查询类型”组中，单击“交叉表”按钮，在查询设计网格中，添加“交叉表”行。

(6) 将“专业人数交叉表数据源”中的“学号”、“性别”和“专业”添加到“设计网格”中的字段行。

(7) 在“学号”字段列中的“总计”行选择“计数”，“交叉表”行选择“值”；在“性别”字段列中的“总计”行选择“Group by”,“交叉表”行选择“列标题”;在“专业”字段列中的“总计”行选择“Group by”,“交叉表”行选择“行标题”,详细设置如图 4-12 所示。

字段:	学号	性别	专业
表:	专业人数交叉表数据	专业人数交叉表数据	专业人数交叉表数据
总计:	计数	Group By	Group By
交叉表:	值	列标题	行标题
排序:			
条件:			
或:			

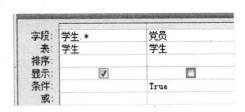

图 4-12 交叉表的设置

(8) 单击“运行”按钮,得到查询结果。

实验 4-3 创建生成表查询

1. 实验要求

从学生表中找出党员的信息,并生成“党员信息”表。

2. 实验步骤

(1) 打开“教学管理”数据库,在“创建”选项卡的“查询”组中,单击“查询设计”按钮,打开查询设计视图,在打开的“显示表”对话框中,将“学生”表添加到“对象”窗格中。

(2) 把“学生”表中“ * ”拖拽到设计网格中,然后把“党员”字段拖拽到设计网格中,在“党员”字段列的条件行中,输入查询条件“True”,如图 4-13 所示。

字段:	学生.*	党员
表:	学生	学生
排序:		
显示:	☑	☐
条件:		True
或:		

图 4-13 设计网格设置

(3) 单击“开始”选项卡下“视图”组中的“数据表视图”选项,切换到数据表视图,检查查询的结果是否正确。

(4) 如果结果无误,单击“设计视图”选项,返回到“查询设计视图”窗口。

(5) 在“设计”选项卡的“查询类型”组中,单击“生成表”按钮。

(6) 在打开的“生成表”对话框中,在“表名称”文本框中,输入“党员信息”,单击“确定”按钮。如图 4-14 所示。

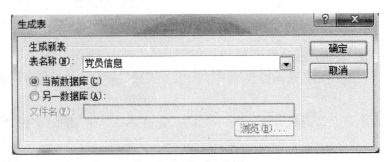

图 4-14 “生成表”对话框

（7）以"党员信息"为名，保存查询，然后关闭查询。

（8）在导航窗格的对象列表中，单击📋❗ 党员信息 ，执行生成表查询。

实验 4-4　创建删除查询

1. 实验要求

创建一个删除查询，删除"成绩"表中成绩不及格的记录。

2. 实验步骤

（1）打开"教学管理"数据库，在"创建"选项卡上的"查询"组中，单击"查询设计"按钮，打开查询设计视图，在打开的"显示表"对话框中，将"成绩"表添加到"对象"窗格中。

（2）把"成绩"表中" * "拖拽到设计网格中，然后把"成绩"表中的"成绩"字段拖拽到设计网格中，在"成绩"字段列的条件行中输入查询条件"＜60"。

（3）在"设计"选项卡的"查询类型"组中，单击✖❗（删除）按钮，这时查询设计网格中增加了一个"删除"行。如图 4-15 所示。

字段:	成绩.*	成绩
表:	成绩	成绩
删除:	From	Where
条件:		<60
或:		

图 4-15　设计网格设置

（4）在"设计"选项卡的"结果"组中，单击"视图"按钮，预览"删除查询"将要删除的一组记录，如图 4-16 所示。

ID	学号	课程号	成绩.成绩	字段0
5	20141114	1002	56	56
7	20141116	1001	58	58
9	20141118	1006	59	59
*	(新建)			

图 4-16　浏览要删除的记录

（5）保存查询，在"另存为"对话框中，输入查询名称"删除不及格"，然后单击"确定"按钮。

（6）双击"删除不及格"查询，系统将弹出"警告"对话框，单击"是"按钮执行删除查询，则"成绩"表中不及格成绩信息都被删除了。

实验 4-5　利用更新查询修改表中数据

1. 实验要求

使用更新查询，将选修了"Web 系统开发与设计"的同学的成绩增加 5%。

2. 实验步骤

（1）打开"教学管理"数据库，在"创建"选项卡上的"查询"组中，单击"查询设计"按钮，打开查询设计视图。在打开的"显示表"对话框中，将"成绩"表和"课程"表添加到"对象"窗格中。

（2）分别将"成绩"表的"成绩"字段和"课程"表的"课程名"字段添加到设计网格中。

（3）在"设计"选项卡的"查询类型"组中，单击 （更新查询）按钮，在设计网格中添加"更新"行，把光标定位到"成绩"字段列的"更新"行单元格中，输入"[成绩]*(1＋0.05)"，在"课程名"字段列的"条件"行单元格中输入"Like "Web 系统开发与设计""，如图 4 - 17 所示。

字段：	成绩 ▼	课程名
表：	成绩	课程
更新到：	[成绩]*(1+.05)	
条件：		Like "Web系统开发与设计"
或：		

图 4 - 17　更新查询设计网格设置

（4）在"设计"选项卡的"结果"组中单击"运行"按钮，运行更新查询。更新之前和更新之后的"Web 系统开发与设计"的成绩，分别如图 4 - 18 和图 4 - 19 所示。

ID	学号	课程号	成绩
1	20141111	1001	96
2	20141112	1001	69
3	20141113	1002	86
4	20141111	1003	79
5	20141114	1002	56
6	20141115	1005	85
7	20141116	1001	58
8	20141117	1002	99
9	20141118	1006	59
10	20141119	1001	99
11	20141111	1004	63

图 4 - 18　更新前的成绩表

ID	学号	课程号	成绩
1	20141111	1001	96
2	20141112	1001	69
3	20141113	1002	90
4	20141111	1003	79
5	20141114	1002	59
6	20141115	1005	85
7	20141116	1001	58
8	20141117	1002	104
9	20141118	1006	59
10	20141119	1001	99
11	20141111	1004	63

图 4 - 19　更新后的成绩表

实验 4 - 6　创建追加查询

1. 实验要求

使用追加查询，将"学生"表中的"女生"记录追加到"女生信息"表中。

2. 实验步骤

（1）打开"教务管理"数据库，在"创建"选项卡上的"查询"组中，单击"查询设计"按钮，打开查询设计视图。在打开的"显示表"对话框中，将"学生"表添加到设计视图的"对象"窗格中。

（2）把学生表中的全部字段拖到设计网格中，在"性别"字段列的条件行单元格中，输入查询条件"Like "女""，如图 4 - 20 所示。

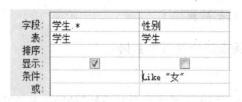

字段：	学生.*	性别
表：	学生	学生
排序：		
显示：	☑	☐
条件：		Like "女"
或：		

图 4 - 20　追加查询设计网格设置

（3）在"设计"选项卡的"结果"组中，单击"视图"按钮，预览查询设计是否正确。若有不正确的地方，则需返回查询设计视图，对查询进行修改，直到正确为止。

(4) 在"设计"选项卡的"查询类型"组中,单击 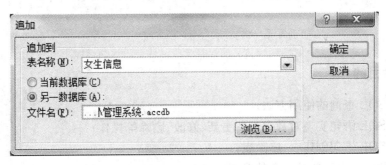(追加查询)按钮,弹出"追加"对话框。在对话框中,选中"另一数据库",输入追加到的数据库文件名,在"表名称"组合框中输入"女生信息",然后单击"确定"按钮,具体如图 4-21 所示。

图 4-21　追加对话框

(5) 这时,查询设计视图中增加了"追加到"行,并且在"追加到"行中,自动填写追加到字段信息,如图 4-22 所示。

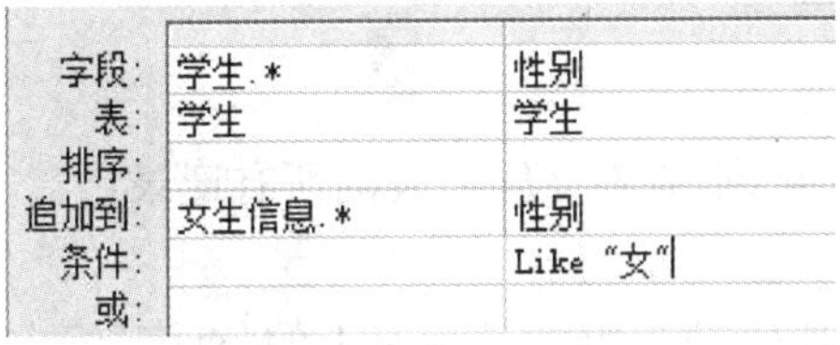

图 4-22　追加查询设计网格设置

(6) 运行该查询,执行追加。然后打开"女生信息"表,可以看到所有满足条件的记录已经被追加到表中,结果如图 4-23 所示。

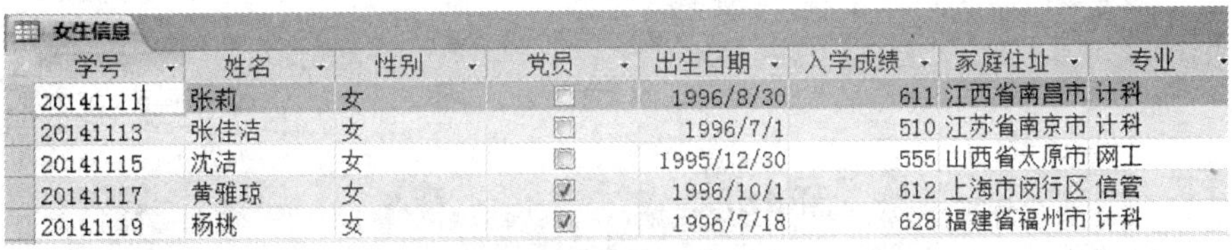

学号	姓名	性别	党员	出生日期	入学成绩	家庭住址	专业
20141111	张莉	女	☐	1996/8/30	611	江西省南昌市	计科
20141113	张佳洁	女	☐	1996/7/1	510	江苏省南京市	计科
20141115	沈洁	女	☐	1995/12/30	555	山西省太原市	网工
20141117	黄雅琼	女	☑	1996/10/1	612	上海市闵行区	信管
20141119	杨桃	女	☑	1996/7/18	628	福建省福州市	计科

图 4-23　女生信息表

实验 5　创建 SQL 查询

一、实验目的

(1) 掌握 SQL 查询的使用方法；
(2) 利用 SQL 语句实现对数据表的更新、修改、删除等操作；
(3) 利用 SQL 语句创建表、删除表；
(4) 能够独立写出一些较复杂的 SQL 语句。

二、实验内容

实验 5-1　创建 SQL 查询(1)

1. 实验要求

利用 SQL 命令创建一个查询，查看"学生"表的所有记录。

2. 实验步骤

(1) 打开"教学管理"数据库，在"创建"选项卡上的"查询"组中，单击"查询设计"按钮打开"查询设计视图"窗口，如图 5-1 所示。

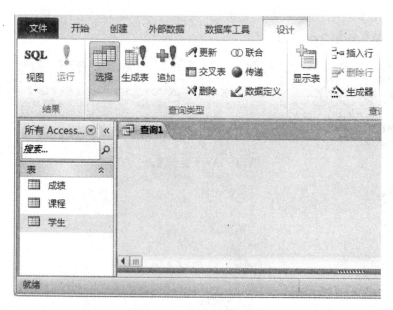

图 5-1　查询设计视图

(2) 单击左上角"SQL"命令按钮，进入 SQL 视图，如图 5-2 所示。
(3) 输入"SELECT ＊ FROM 学生 "命令，并单击左上方"运行"命令按钮。

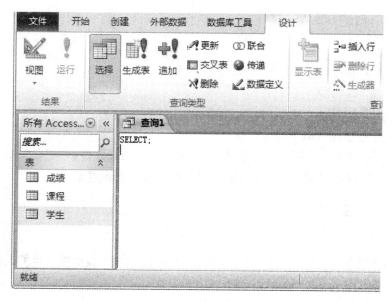

图 5-2　SQL 视图

实验 5-2　创建 SQL 查询（2）

1. 实验要求

查看"学生"表所有学生的学号、姓名、性别和出生日期等信息。

2. 实验步骤

(1) 前两步同实验 5-1 中的(1)—(2)步。

(2) 在 SQL 视图输入"SELECT 学号，姓名，性别，出生日期 FROM 学生；"命令，并单击左上方"运行"命令按钮。

实验 5-3　创建 SQL 查询（3）

1. 实验要求

在"教学管理"数据库中使用 SQL 视图，查看所有学生的学号、课程号、课程名和成绩的信息，并按课程号升序、学号升序排序。

2. 实验步骤

(1) 前两步同实验 5-1 中的(1)—(2)步。

(2) 在 SQL 视图输入以下命令：

SELECT 成绩.学号，成绩.课程号，课程.课程名,成绩.成绩

FROM 成绩，课程

WHERE 成绩.课程号 = 课程.课程号

ORDER BY 成绩.课程号,成绩.学号 ;

输入完命令后，单击左上方"运行"命令按钮，可以看到查询结果。

实验 5-4　创建 SQL 查询(4)

1. 实验要求

查找"学生"表中所有女学生的学号、姓名、性别和出生日期等信息。

2. 实验步骤

(1) 前两步同实验 5-1 中的(1)—(2)步。

(2) 在 SQL 视图输入以下命令:

SELECT 学号, 姓名, 性别, 出生日期　FROM 学生　WHERE 性别 = "女"

输入完命令后,单击左上方"运行"命令按钮,可以看到查询结果。

实验 5-5　创建 SQL 查询(5)

1. 实验要求

在数据库"教学管理"数据库中使用 SQL 视图,统计"学生"表中男女生的人数。

2. 实验步骤

(1) 前两步同实验 5-1 中的(1)—(2)步。

(2) 在 SQL 视图输入以下命令:

SELECT 学生.性别, Count(学生.学号) AS 人数 FROM 学生 GROUP BY 学生.性别;

输入完命令后,单击左上方"运行"命令按钮,可以看到查询结果。

实验 5-6　创建 SQL 查询(6)

1. 实验要求

创建一个"教师信息"表,包括:编号、姓名、职称、出生日期、简历等字段。其中,编号字段为主索引字段(不能为空,且值唯一)。

2. 实验步骤

(1) 前两步同实验 5-1 中的(1)—(2)步。

(2) 在 SQL 视图输入以下命令:

Create Table 教师信息(编号 char(9) not null unique, 姓名 char(9),职称 char(10),出生日期 date,简历 memo);

输入完命令后,单击左上方"运行"命令按钮,此处无明显查询结果,但在左侧"导航窗格"表对象中会多一个"教师信息"表。

实验 5-7　创建 SQL 查询(7)

1. 实验要求

删除"教师信息"表。

2. 实验步骤

(1) 前两步同实验 5-1 中的(1)—(2)步。

(2) 在 SQL 视图输入以下命令:

Drop　Table 职工信息;

输入完命令后,单击左上方"运行"命令按钮,此处无明显查询结果也无提示信息,但在左侧"导航窗格"表对象中"教师信息"表已被删除。

实验 5-8 创建 SQL 查询(8)

1. 实验要求

向"课程"表中插入一条新纪录,课程名为"中国武术"、课程号为"55"、学时为"16",学分为"1"。

2. 实验步骤

(1) 前两步同实验 5-1 中的(1)—(2)步。

(2) 在 SQL 视图输入以下命令:

INSERT INTO 课程   VALUES("55","中国武术",16,1)

输入完命令后,单击左上方"运行"命令按钮,将会出现警告框,如图 5-3 所示。单击"是"命令按钮,将向该表中插入 1 行数据。

图 5-3 追加数据警告框

实验 5-9 创建 SQL 查询(9)

1. 实验要求

修改"课程"表中的数据,将课程"中国武术"改为"中国散打武术"。

2. 实验步骤

(1) 前两步同实验 5-1 中的(1)—(2)步。

(2) 在 SQL 视图输入以下命令:

UPDATE 课程 SET 课程名 = "中国散打武术" WHERE 课程名 = "中国武术"

输入完命令后,单击左上方"运行"命令按钮,将会出现警告框,如图 5-4 所示。单击"是"命令按钮,将把该表中 1 行数据进行更新。

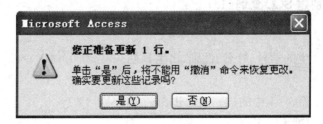

图 5-4 更新数据警告框

实验 5-10　创建 SQL 查询(10)

1. 实验要求

查询所有学生的选课情况,包括学号、姓名、课程号、课程名和成绩。

2. 实验步骤

(1) 前两步同实验 5-1 中的(1)—(2)步。

(2) 在 SQL 视图输入以下命令:

SELECT 学号,姓名,课程号,课程名,成绩 FROM 学生,课程,成绩

WHERE 学生.学号 = 成绩.学号 AND 课程.课程号 = 成绩.课程号

输入完命令后,单击左上方"运行"命令按钮,可以看到查询结果。

实验 5-11　创建 SQL 查询(11)

1. 实验要求

查询所有女生的所有信息。

2. 实验步骤

(1) 前两步同实验 5-1 中的(1)—(2)步。

(2) 在 SQL 视图输入以下命令:

SELECT *　　FROM 学生　　WHERE 性别 = '女'

输入完命令后,单击左上方"运行"命令按钮,可以看到查询结果。

实验 5-12　创建 SQL 查询(12)

1. 实验要求

查询姓名中包含"晓"字的学生的所有信息。

2. 实验步骤

(1) 前两步同实验 5-1 中的(1)—(2)步。

(2) 在 SQL 视图输入以下命令:

SELECT * FROM 学生 WHERE 姓名 LIKE "* 晓 *"

输入完命令后,单击左上方"运行"命令按钮,可以看到查询结果。

实验 5-13　创建 SQL 查询(13)

1. 实验要求

查询姓"张"的女生的学号、姓名、性别、出生日期。

2. 实验步骤

(1) 前两步同实验 5-1 中的(1)—(2)步。

(2) 在 SQL 视图输入以下命令:

SELECT 学号,姓名,性别,出生日期　　FROM 学生

WHERE 姓名 LIKE "张 *" AND 性别 = '女'

输入完命令后,单击左上方"运行"命令按钮,可以看到查询结果。

实验 5 - 14　创建 SQL 查询(14)

1. 实验要求

查询名字的第二个字是"晓"的男学生的学号、姓名、性别、出生日期。

2. 实验步骤

(1) 前两步同实验 5 - 1 中的(1)—(2)步。

(2) 在 SQL 视图输入以下命令：

SELECT 学号,姓名,性别,出生日期 FROM 学生

WHERE 姓名 LIKE "?晓 *" AND 性别 = '男'

输入完命令后,单击左上方"运行"命令按钮,可以看到查询结果。

实验 5 - 15　创建 SQL 查询(15)

1. 实验要求

查询每个选了课的学生的平均成绩。

2. 实验步骤

(1) 前两步同实验 5 - 1 中的(1)—(2)步。

(2) 在 SQL 视图输入以下命令：

SELECT 学号,AVG(成绩) AS 平均成绩 FROM 成绩　GROUP BY 学号

输入完命令后,单击左上方"运行"命令按钮,可以看到查询结果。

实验 5 - 16　创建 SQL 查询(16)

1. 实验要求

向课程表追加一个新的课程:5556,证券学,学时学分未知。

2. 实验步骤

(1) 前两步同实验 5 - 1 中的(1)—(2)步。

(2) 在 SQL 视图输入以下命令：

INSERT INTO 课程(课程号,课程名)　VALUES("5556","证券学")

输入完命令后,单击左上方"运行"命令按钮,将会出现警告框,如图 5 - 3 所示。单击"是"命令按钮,将向该表中插入 1 行数据。

实验 5 - 17　创建 SQL 查询(17)

1. 实验要求

查询学时数未知的课程信息。

2. 实验步骤

(1) 前两步同实验 5 - 1 中的(1)—(2)步。

(2) 在 SQL 视图输入以下命令：

SELECT * FROM 课程 WHERE 学时 IS NULL

输入完命令后,单击左上方"运行"命令按钮,可以看到查询结果。

实验 5-18   创建 SQL 查询（18）

1. 实验要求

将证券学课程的学时和学分分别设置为 36 和 2。

2. 实验步骤

(1) 前两步同实验 5-1 中的 (1)—(2) 步。

(2) 在 SQL 视图输入以下命令：

UPDATE TABLE 课程 set 学时 = 36, 学分 = 2　where 课程名 = "证券学"

输入完命令后，单击左上方"运行"命令按钮，可以看到查询结果。

实验 5-19   创建 SQL 查询（19）

1. 实验要求

将课程名为"证券学"的课程记录删除。

2. 实验步骤

(1) 前两步同实验 5-1 中的 (1)—(2) 步。

(2) 在 SQL 视图输入以下命令：

DELETE FROM 课程 WHERE 课程名 = "证券学"

输入完命令后，单击左上方"运行"命令按钮，将会出现删除数据警告框，如图 5-5 所示。单击"是"命令按钮，将把该表中 1 行数据进行更新。

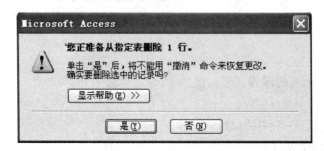

图 5-5   删除数据警告框

实验6　窗体设计

一、实验目的

(1) 掌握窗体创建的方法；
(2) 掌握向窗体中添加控件的方法；
(3) 掌握窗体的常用属性和常用控件属性的设置。

二、实验内容

实验6-1　使用"窗体"按钮创建窗体

1. 实验要求

使用"窗体"按钮创建"教师"窗体。

2. 实验步骤

(1) 打开"教学管理.accdb"数据库,在导航窗格中,选择作为窗体的数据源"教师"表,在功能区"创建"选项卡的"窗体"组中,单击"窗体"按钮,窗体即创建完成,并以布局视图显示,如图6-1所示。

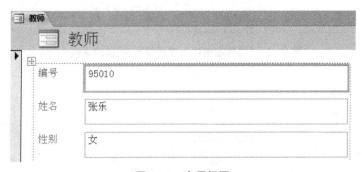

图6-1　布局视图

(2) 在快捷工具栏,单击"保存"按钮,在弹出的"另存为"对话框中输入窗体的名称"教师",然后单击"确定"按钮。

实验6-2　创建纵栏式窗体

1. 实验要求

使用"自动创建窗体"方式,在"教学管理.accdb"数据库中创建一个"纵栏式"窗体,用于显示"教师"表中的信息。

2. 实验步骤

(1) 打开"教学管理"数据库,在导航窗格中选择作为窗体的数据源"教师"表,在功能区

"创建"选项卡的"窗体"组,单击"窗体向导"按钮。如图 6-2 所示。

（2）打开"请确定窗体上使用哪些字段"对话框,如图 6-3 所示。在"表/查询"下拉列表中光标已经定位在所需要的数据源"教师"表,单击 >> 按钮,把该表中全部字段移到"选定字段"窗格中,单击下一步按钮。

（3）在打开"请确定窗体使用的布局"对话框中,选择"纵栏表",如图 6-4 所示。单击"下一步"按钮。

图 6-2　窗体向导按钮位置

（4）在打开"请为窗体指定标题"对话框中,输入窗体标题"教师",选取默认设置"打开窗体查看或输入信息",单击"完成"按钮,如图 6-5 所示。

（5）此时打开窗体视图,看到所创建窗体的效果,如图 6-6 所示。

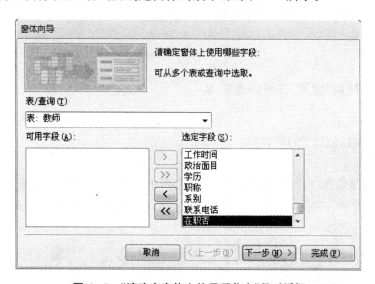

图 6-3　"请确定窗体上使用哪些字"段对话框

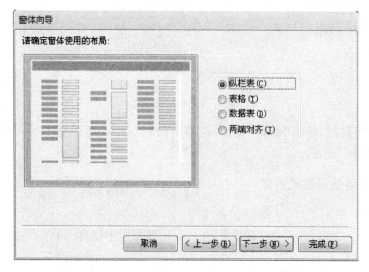

图 6-4　"请确定窗体使用的布局"段对话框中

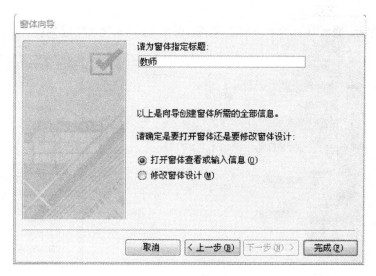

图 6-5　输入窗体标题"教师"

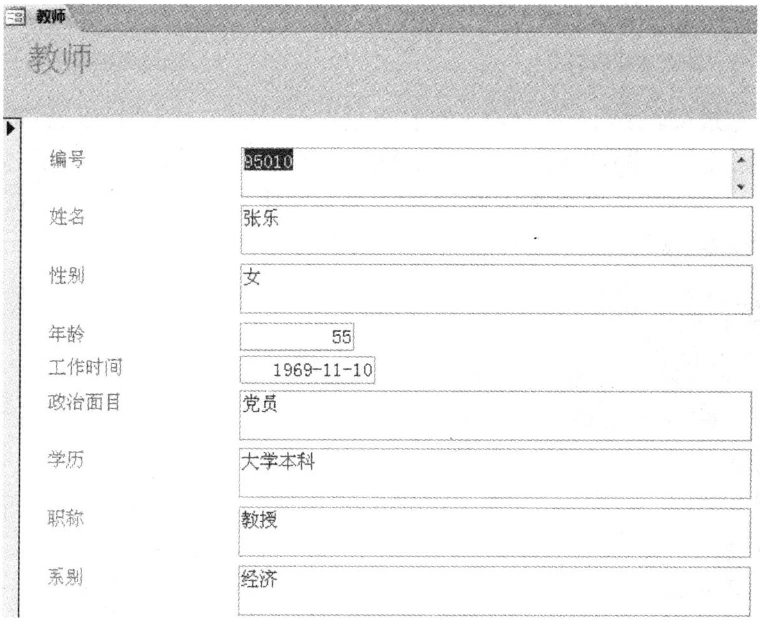

图 6-6　"纵栏式"窗体

实验 6-3　创建"数据透视表"窗体

1. 实验要求

使用"自动窗体"方式,以"教师"表为数据源自动创建一个"数据透视表"窗体,用于计算各学院不同职称的人数。

2. 实验步骤

(1) 打开"教学管理"数据库,在导航窗格中,选择"表"对象,选中"教师表"中"创建"选项卡——"窗体"组,单击"其他窗体"下拉列表,单击"数据透视表"菜单,如图 6-7 所示,出现"数据透视表工具/设计"选项卡。

（2）单击"显示/隐藏"组中"字段列表"按钮，弹出"数据透视表字段列表"，如图6-8所示。

图6-7　数据透视表菜单　　　　图6-8　数据透视表子段列表

（3）将"数据透视表字段列表"窗口中的"系别"字段拖至"行字段"区域，将"职称"字段拖至"列字段"区域，选中"编号"字段，在右下角的下拉列表框中选择"数据区域"选项，单击"添加到"按钮，如图6-9所示。此时就生成了数据透视表窗体。

（4）单击"保存"按钮，保存窗体，窗体名称为"教师职称统计"。

图6-9　数据透视表窗体

实验6-4　使用向导创建窗体

1. 实验要求

使用向导创建窗体，以"学生"表和"选课成绩"表为数据源创建一个嵌入式的主/子窗体。

2. 实验步骤

（1）打开"教学管理"数据库，在数据库窗口的"窗体"对象下，双击"使用向导创建窗体"选项，打开"窗体向导"对话框；

（2）在"窗体向导"对话框中，在"表/查询"下拉列表框中，选中"表：学生"，并将其全部字段添加到右侧"选定字段"中；再选择"表：选课成绩"，并将全部字段添加到右侧"选定字段"中；

（3）单击"下一步"，在弹出的窗口中查看数据方式，选择"通过学生"，并选中"带有子窗体的窗体"选项；

（4）单击"下一步"，子窗体使用的布局选择"数据表"选项；

（5）单击"下一步"，所用样式选择"标准"选项；

（6）单击"下一步"，将窗体标题设置为"学生"，"子窗体"标题设置为"选课成绩"；

（7）单击"完成"按钮，出现如图6－10所示界面。

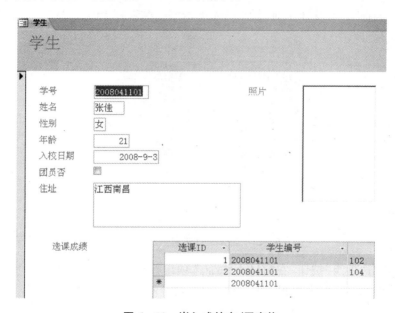

图6－10　嵌入式的主/子窗体

实验6-5　在设计视图中创建窗体

1. 实验要求

在设计视图中创建窗体，以"学生"表的备份表"学生2"为数据源创建一个窗体，用于输入学生信息，如图6－11所示。

图6－11　设计窗体中添加的空间位置

2. 实验步骤

（1）打开"教学管理"数据库，在导航窗格中，选中"学生"表，文件菜单中单击"对象另存为"命令，将"学生"表另存为"学生 2"。

（2）选中"学生 2"表，单击"打开"按钮，在数据表视图下，将光标定位到"性别"字段任一单元格中，单击"编辑"菜单下的"替换"命令，查找"男"，全部替换为 1；查找"女"，全部替换为 2，替换完成后关闭"学生 2"表。

（3）在导航窗格中，选择"表"对象，选择"学生 2"表，单击"创建"选项卡，选择"窗体"组，单击"窗体设计"按钮，建立窗体，弹出"字段列表"窗体（"字段列表"窗体可通过"窗体设计工具/设计"选项卡，选择"工具"组，单击"添加现有字段"按钮，切换显示/隐藏）。

（4）分别将字段列表窗口中的"学生编号"、"姓名"、"团员否"、"住址"、"性别"字段拖放到窗体的主体节中，并按图 6－11 所示调整好它们的大小和位置。

（5）依次选择"窗体设计工具/设计"选项卡——"控件"组——"使用控件向导"，如图 6－12所示。

图 6－12　窗体设计工具/设计选项卡

（6）再单击"选项组"按钮，在窗体上添加选项组控件。在"选项组向导"窗口中"标签名称"列表框中分别输入"男"和"女"，单击"下一步"，如图 6－13 所示。

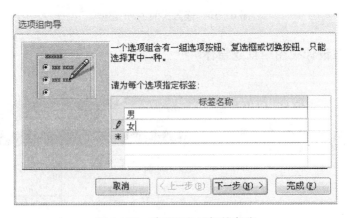

图 6－13　选项组向导标签名称

（7）在"请确定是否使某选项成为默认选项"中选择"是"，并指定"男"为默认选项，单击"下一步"，如图 6－14 所示。

（8）设置"男"选项值为 1，"女"选项值为 2，单击"下一步"，如图 6-15 所示。

（9）选中"在此字段中保存该值"选项，并选中"性别"字段，单击"下一步"，如图 6-16
所示。

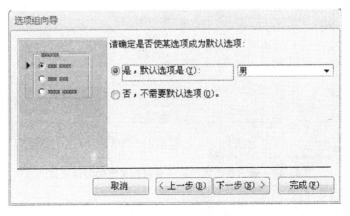

图 6-14　确定默认值

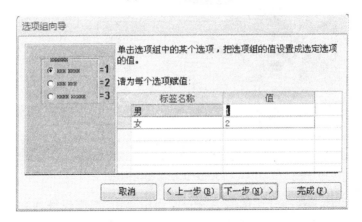

图 6-15　设置选项组的值

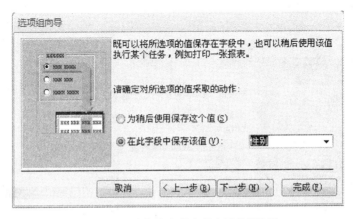

图 6-16　"在此字段中保存该值"选项

（10）选择"选项按钮"和"蚀刻"样式，如图 6-17 所示。

（11）单击"下一步"，输入标题为"性别"，如图 6-18 所示，单击"完成"按钮。然后再删除性别标签和文本框。

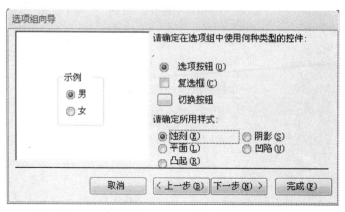

图 6 – 17　确定在选项组中使用何种类型的控件及样式

图 6 – 18　为选项组指定标题

（12）在"窗体设计工具/设计"选项卡"控件"组中单击"使用控件向导"，再单击"命令按钮"，在窗体上添加命令按钮控件。在弹出对话窗口中选择"记录操作"选项，然后在"操作"列表中选择"添加新记录"，如图 6 – 19 所示。

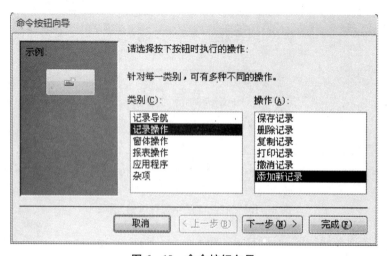

图 6 – 19　命令按钮向导

（13）单击"下一步"，选择"文本"，文本框内容为"添加记录"，单击"下一步"，为命令按钮命名，选默认值，然后单击"完成"按钮。用同样的方法，继续创建其他命令按钮，如图 6-20 所示。

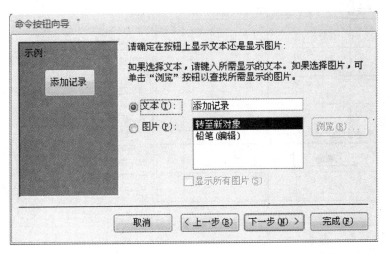

图 6-20　确定命令按钮显示文本

（14）保存窗体，窗体名称为"学生信息添加"。如图 6-21 所示。

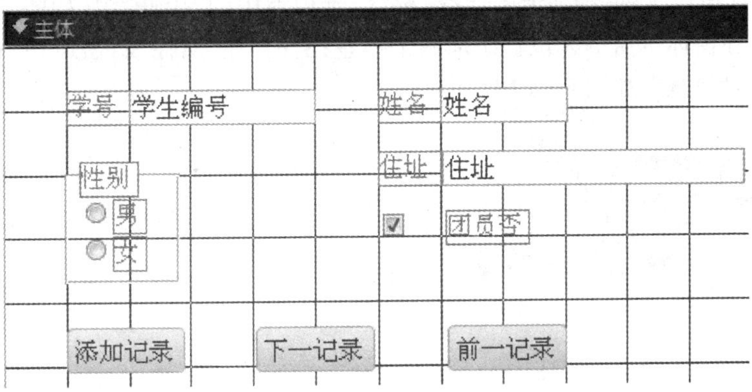

图 6-21　设计视图创建学生窗体效果

实验 6-6　按要求创建并设计窗体

1. 实验要求

完成"教师奖励信息"窗体设计。

在窗体的页眉节区位置添加一个标签控件，其名称为"title"，标题显示为"教师奖励信息"；在主体节区位置添加一个选项组控件，将其命名为"opt"，选项组标签显示内容为"奖励"，名称为"bopt"；在选项组内放置两个单选按钮控件，选项按钮分别命名为"opt1"和"opt2"，选项按钮标签显示内容分别为"有"和"无"，名称分别为"bopt1"和"bopt2"；在窗体页脚节区位置添加两个命令按钮，分别命名为"ok"和"quit"，按钮标题分别为"确定"和"退出"；将窗体标题设置为"教师奖励信息"，设计界面如图 6-22 所示。

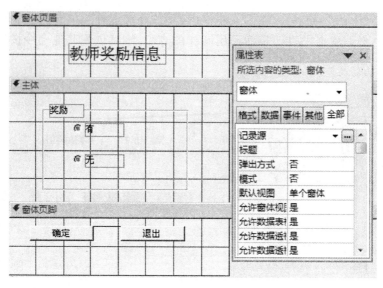

图 6-22　设计效果

2. 实验步骤

（1）打开"教学管理"数据库，打开"创建"选项卡下"窗体"组中的"窗体设计"命令按钮，进入窗体设计视图。

（2）在"窗体设计工具"选项卡中选择"设计"选项卡中的"控件"组，如图 6-23 所示。选择"标签"控件，在窗体页眉节区位置添加一个标签控件。在"属性表"窗口中"格式"选项卡修改标题"教师奖励信息"，如图 6-24 所示。

图 6-23　控件组

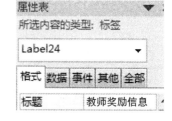

图 6-24　属性窗口"标题"属性

（3）在"控件"组中选择"选项组"控件，在主体节区位置添加一个选项组控件。在"控件"组中选择"选项按钮"控件，在选项组内放置两个单选按钮控件。

（4）在工具箱中选择"命令按钮"控件，在窗体页脚节区位置添加两个命令按钮。

（5）打开属性窗中，进行属性设置，各对象属性设置见表 6-1 所示。

表 6-1　"教师奖励信息"窗体中对象的属性设置

对　象	属性名	属性值
标签	名称	title
选项组	名称	opt
选项组的标签	名称	bopt
	标题	奖励

对　象	属性名	属性值
选项按钮	名称	opt1
	标题	有
选项按钮	名称	opt2
	标题	无
命令按钮	名称	ok
	标题	确定
命令按钮	名称	quit
	标题	退出
窗体	标题	教师奖励信息

（6）保存窗体，并单击工具栏中"视图"按钮切换到窗体视图，查看窗体效果。

实验 7　报表设计

一、实验目的

(1) 了解报表布局,理解报表的概念和功能;
(2) 掌握创建报表的方法;
(3) 掌握报表的常用控件的使用方法。

二、实验内容

实验 7-1　自动创建报表

1. 实验要求

使用"自动创建报表"方式,基于"教师"表为数据源,使用"报表"按钮创建报表。

2. 实验步骤

(1) 打开"教学管理"数据库,在"导航"窗格中,选中"教师"表。

(2) 在"创建"选项卡的"报表"组中,单击"报表"按钮,如图 7-1 所示,"教师"报表即创建完成。

(3) 切换到布局视图,如图 7-2 所示,得到"教师"报表。

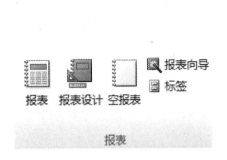

图 7-1　报表组

图 7-2　教师报表

实验 7-2　使用向导创建报表

1. 实验要求

使用"报表向导"创建"选课成绩"报表。

2. 实验步骤

(1) 打开"教学管理"数据库,在"导航"窗格中选择"选课成绩"表。

（2）在"创建"选项卡的"报表"组中，单击"报表向导"按钮，打开"请确定报表上使用哪些字段"对话框，这时数据源已经选定为"表：选课成绩"（在"表/查询"下拉列表中也可以选择其他数据源）。在"可用字段"窗格中将全部字段移送到"选定字段"窗格中，然后单击"下一步"按钮，如图 7-3 所示。

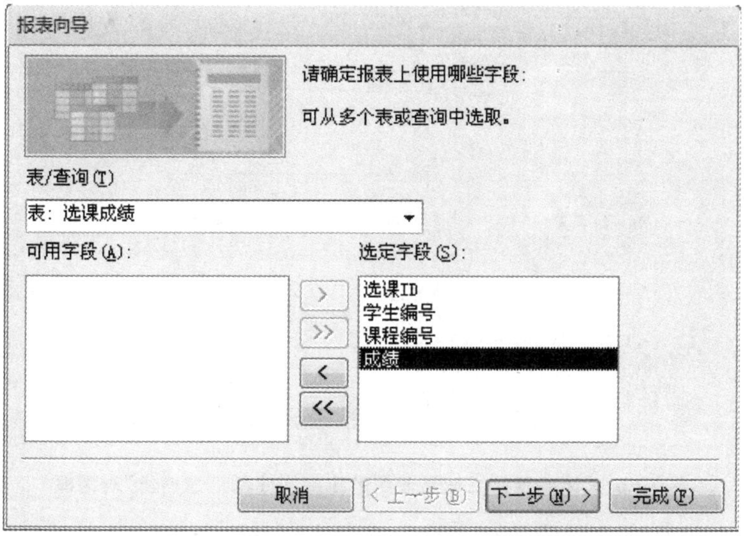

图 7-3　"请确定报表上使用哪些字段"对话框

（3）在打开的"是否添加分组级别"对话框中自动给出分组级别，并给出分组后报表布局预览。这里是按"学生编号"字段分组（这是由于学生表与选课成绩之间建立的一对多关系所决定的，否则就不会出现自动分组，而需要手工分组），单击"下一步"按钮，如图 7-4 所示。

如果需要再按其他字段进行分组，可以直接双击左侧窗格中的用于分组的字段。

图 7-4　"是否添加分组级别"对话框

（4）在打开的"请确定明细信息使用的排序次序和汇总信息"对话框中，选择按"成绩"降序排序,单击"汇总选项"按钮,选定"成绩"的"平均"复选项,汇总成绩的平均值,选择"明细和汇总"选项,单击"确定"按钮,再单击"下一步"按钮,如图7-5所示。

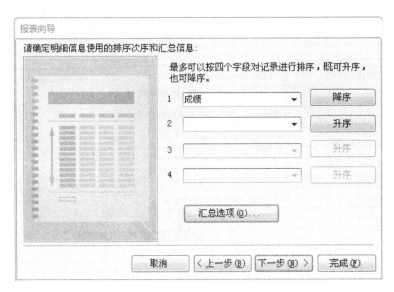

图7-5 "请确定明细信息使用的排序次序和汇总信息"对话框

(5) 在打开的"请确定报表的布局方式"对话框中,确定报表所采用的布局方式。这里选择"块"式布局,方向选择"纵向",单击"下一步"按钮,如图7-6所示。

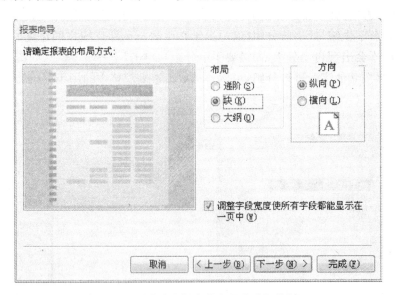

图7-6 "请确定报表的布局方式"对话框

(6) 在打开的"请为报表指定标题"对话框中,指定报表的标题,输入"选课成绩信息",选择"预览报表"单选项,然后单击"完成"按钮,如图7-7所示。

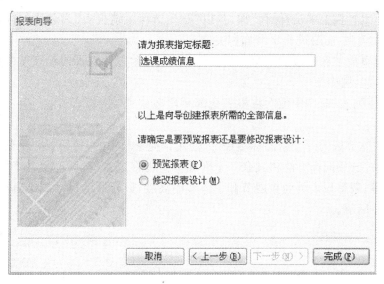

图 7-7 "请为报表指定标题"对话框

实验 7-3 在报表设计视图中创建报表

1. 实验要求

以"学生成绩查询"为数据源,在报表设计视图中创建"学生成绩信息报表"。

2. 实验步骤

(1) 打开"教学管理"数据库,在"创建"选项卡的"报表"组中,单击"报表设计"按钮,打开报表设计视图。这时报表的页面页眉/页脚和主体节同时出现,这点与窗体不同。

(2) 在"设计"选项卡的"工具"分组中,单击"属性表"按钮,打开报表"属性表"窗口,在"数据"选项卡中,单击"记录源"属性右侧的下拉列表,从中选择"选课成绩查询",如图 7-8 所示。

(3) 在"设计"选项卡的"工具"分组中,单击"添加现有字段"按钮,打开"字段列表"窗格,并显示相关字段列表,如图 7-9 所示。

图 7-8 属性表窗口记录源设计

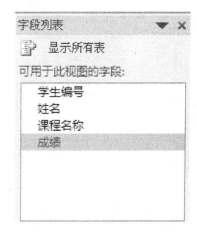

图 7-9 字段列表窗口

(4) 在"字段列表"窗格中,把"学生编号"、"姓名"、"课程名称"、"成绩"字段拖到主体节中。

（5）在快速工具栏上单击"保存"按钮，以"学生选课成绩报表"为名称保存报表。但是这个报表设计不太美观，需要进一步修饰和美化。

（6）在报表页眉节区中添加一个标签控件，输入标题"学生选课成绩表"，使用工具栏设置标题格式：字号 20、居中。

（7）从"字段列表"窗口中依次将报表全部字段拖放到"主体"节中，产生 4 个文本框控件（4 个附加标签）。

（8）选中主体节区的一个附加标签控件，使用快捷菜单中的"剪切"和"粘贴"命令，将它移动到页面页眉节区，用同样方法将其余 3 个附加标签也移过去，然后调整各个控件的大小、位置及对齐方式等；调整报表页面页眉节和主体节的高度，以合适的尺寸容纳其中的控件，设置效果如图 7-10 所示。

图 7-10　设计视图效果

（9）在"设计"选项卡中选择"控件"组中的"直线"控件，按住 Shift 键画直线。

（10）选中"学生选课成绩报表"标签，在属性窗口中修改字号、文本对齐属性值。

（11）单击"视图"组中的"打印预览"命令按钮，查看报表，如图 7-11 所示。

学　号	姓名	课程名称	成绩
2008041102	陈诚	计算机实用软件	48
2008041105	任伟	计算机实用软件	80
2008041109	好生	计算机实用软件	50

图 7-11　学生选课成绩报表打印预览视图效果

（12）保存报表，报表名称为"学生选课成绩报表"。

实验 7－4　报表修饰

1．实验要求

修改上一案例的实验结果"学生选课成绩报表"，在页面页脚节区添加日期、页码。

2．实验步骤

（1）插入日期。打开报表"学生选课成绩报表"的设计视图，选择"页眉/页脚"组中的"日期和时间"按钮，如图 7－12 所示。

（2）如图 7－13 所示，选中"包含日期"复选框，取消"包含时间"选择，选择日期格式，然后单击"确定"按钮，将新添加的日期控件移动到页面页脚的左端。

图 7－12　页眉/页脚

图 7－13　日期和时间对话框

（3）如图 7－14 所示，选择"页码"按钮，格式选"第 N 页，共 M 页"选项，位置选"页面底端（页脚）"，对齐选择"居中"选项。

图 7－14　页码对话框

（4）保存并预览报表。

实验8 数据库安全与管理

一、实验目的

(1) 掌握有关数据库的安全机制及操作;

(2) 掌握数据库压缩与备份的操作;

(3) 掌握数据的导入和导出。

二、实验内容

实验 8-1 信任设置

1. 实验要求

打开信任中心,进行信任设置。

2. 实验步骤

(1) 在"文件"选项卡上单击"选项",打开"Access 选项"对话框。

(2) 在"Access 选项"对话框左侧窗格中,单击"信任中心",然后在"Microsoft Office Access 信任中心"栏下,单击"信任中心设置"按钮,如图 8-1 所示。

图 8-1 信任中心

(3) 在打开的"信任中心"对话框中,单击左侧窗格"受信任位置",如图 8-2 所示。

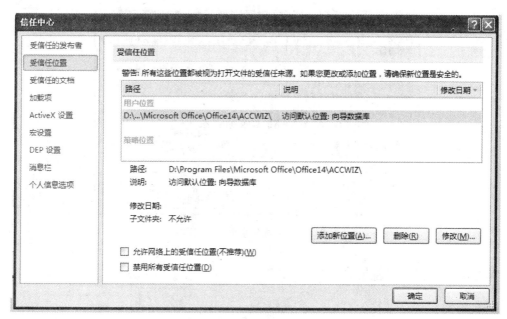

图 8 - 2　"信任中心"对话框

然后执行下列某项操作：

● 记录一个或多个受信任位置的路径。

● 创建新的受信任位置。如果用户需要创建新的受信任位置，请单击"添加新位置"按钮，在打开"Microsoft Office 受信任位置"对话框中添加新的路径，将数据库放在该受信任位置，如图 8 - 3 所示。

图 8 - 3　"Microsoft Office 受信任位置"对话框

实验 8 - 2　创建数字证书

1. 实验要求

创建数字证书。

2. 实验步骤

在 Windows 操作系统中单击"开始"菜单，选择"程序"菜单，选择"Microsoft Office"菜单，选择"Microsoft Office 2010 工具"子菜单中的"VBA 工程的数字证书"命令，弹出"创建数字证书"对话框，如图 8 - 4 所示。创建一个"教学管理安全证书"的数字证书。

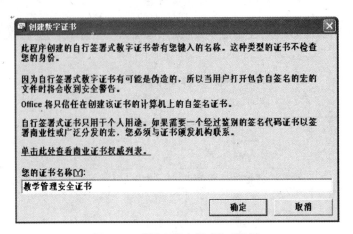

图 8-4　"创建数字证书"对话框

实验 8-3　创建签名包

1. 实验要求

创建签名包。

2. 实验步骤

(1) 打开需要打包和签名的数据库。

(2) 在"文件"选项卡上单击"保存并发布",然后在"高级"选项下双击"打包并签署",如图 8-5 所示。

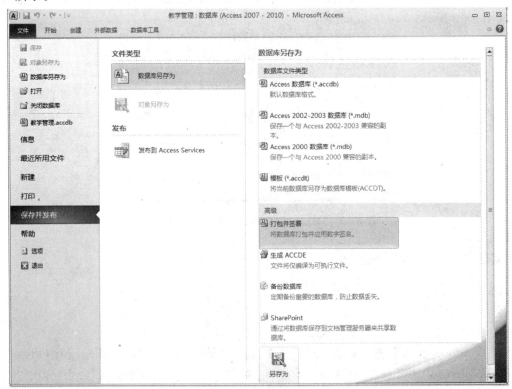

图 8-5　打包并签名

　　(3) 弹出"选择证书"对话框,选择"教学管理安全证书"后单击"确定"按钮,如图 8-6 所示。

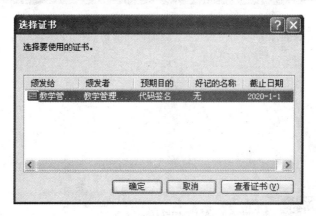

图 8-6　"选择证书"对话框

　　(4) 弹出"创建 Microsoft Access 签名包"对话框。在"保存位置"列表中为签名的数据库包选择一个位置;在"文件名"框中为签名包输入名称,然后单击"创建"按钮。

　　创建签名包"教学管理.accdc"并将其放置在用户选择的位置,如图 8-7 所示。

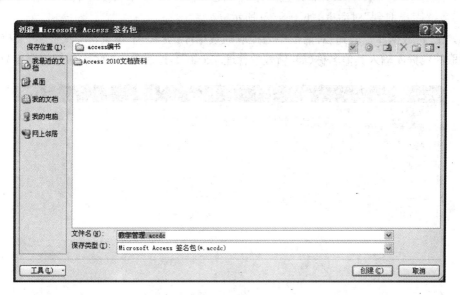

图 8-7　创建签名包

实验 8-4　提取并使用签名包

1. 实验要求

提取并使用签名包。

2. 实验步骤

　　(1) 在"文件"选项卡上单击"打开",将出现"打开"对话框,如图 8-8 所示。

　　(2) 选择"Microsoft Access 签名包(*.accdc)"作为文件类型。

　　(3) 使用"查找范围"列表找到包含 .accdc 文件的文件夹,选择该文件,然后单击"打开"。

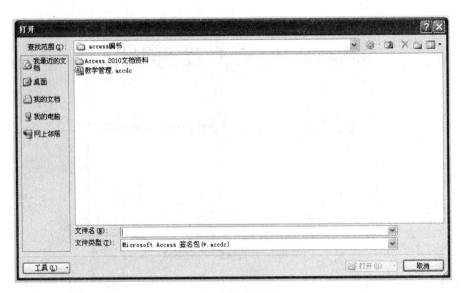

图 8-8　打开签名包

　　(4) 弹出"Microsoft Access 安全声明"对话框,单击"信任来自发布者的所有内容"按钮。弹出"将数据库提取到"对话框,如图 8-9 所示。

　　(5) 在"将数据库提取到"对话框中为提取的数据库选择一个位置,在"文件名"下拉列表框中为提取的数据库输入其他名称(如"新教学管理.accdb"),然后单击"确定"按钮提取出数据库。

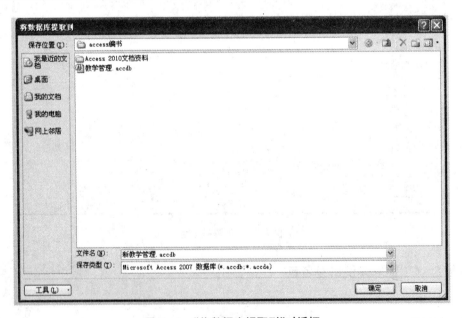

图 8-9　"将数据库提取到"对话框

实验 8-4　设置数据库密码

1. 实验要求

为"教学管理"数据库设置密码。

2. 实验步骤

(1) 启动 Microsoft Access 2010。

(2) 单击"文件"选项卡,选择"打开"命令,在"打开"的对话框中,在"查找范围"内,通过浏览,找到要设置密码的数据库文件,如"教学管理.accdb"。

(3) 单击"打开"按钮旁边的箭头,然后单击"以独占方式打开"选项,如图 8-10 所示,这时就以独占的方式打开"教学管理.accdb"数据库。

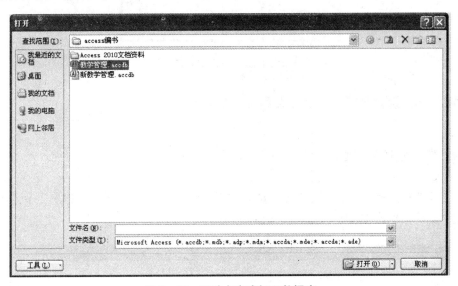

图 8-10　以独占方式打开数据库

(4) 在"文件"选项卡上,单击"信息",再单击"用密码进行加密"按钮,如图 8-11 所示。

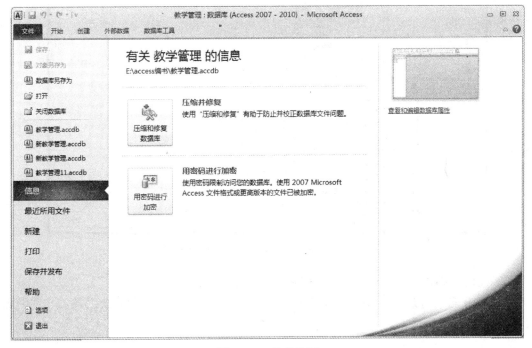

图 8-11　信息窗口

（5）在打开的"设置数据库密码"对话框中，如图 8–12 所示，在"密码"文本框中输入密码，然后在"验证"文本框中再次输入该密码，两次密码输入完后单击"确定"按钮。

图 8–12　设置密码对话框

实验 8–5　设置数据库自动压缩和修复数据库

1. 实验要求

设置"教学管理"数据库的自动压缩和修复数据库操作。

2. 实验步骤

（1）打开"教学管理"数据库，单击"文件"选项卡，单击"选项"按钮，在"Access 选项"对话框中单击"当前数据库"选项卡，如图 8–13 所示。

图 8–13　"Access 选项"对话框

（2）选中"关闭时压缩"复选框，单击"确定"按钮。

（3）程序自动打开一个提示对话框，提示必须关闭当前数据库设置才能生效，单击"确定"按钮，如图 8–14 所示。

图 8‑14　提示对话框

实验 8‑6　将其他类型文件导入到数据库

1. 实验要求

在配套实验文件"实验七"文件夹下,存储了一个电子表格文件"学生成绩报送表.xlsx",将其导入数据库中。

2. 实验步骤

(1) 启动 Access 2010,打开"教学管理"数据库。

(2) 在"外部数据"选项卡的"导入并链接"组中单击"Excel"按钮,如图 8‑15 所示。

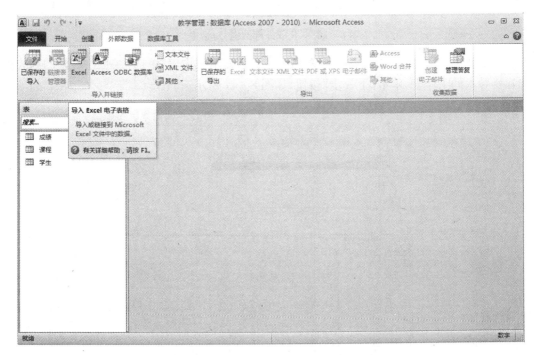

图 8‑15　选择"外部数据"选项卡对话框

(3) 在"获取外部数据‑Excel 电子表格"对话框中指定数据源"学生成绩报送表.xlsx",并选中"将源数据导入当前数据库的新表中"单选按钮,单击"确定"按钮,如图 8‑16 所示。

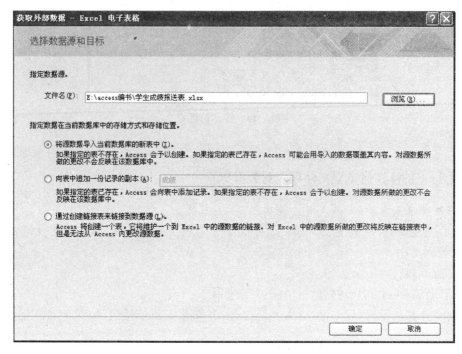

图 8 - 16　"获取外部数据"对话框

（4）弹出"导入数据表向导"第一个对话框，选中"显示工作表"单选按钮，在右侧的列表框中选择要导入的工作表，单击"下一步"按钮，如图 8 - 17 所示。

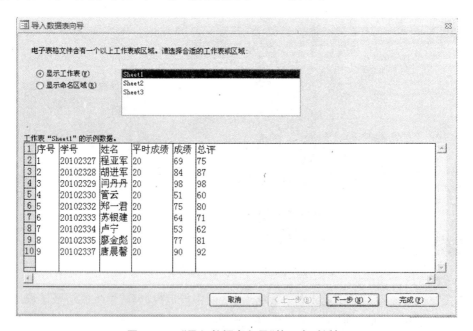

图 8 - 17　"导入数据表向导"第一个对话框

（5）在弹出的对话框中选中"第一行包含列标题"复选框，单击"下一步"按钮，如图 8 - 18 所示。

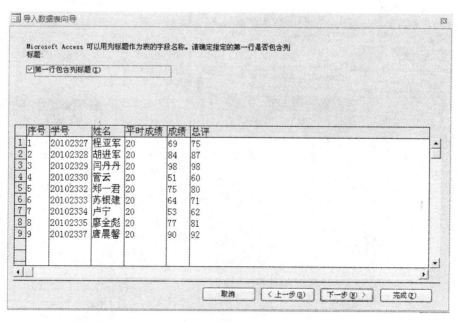

图 8 - 18　"导入数据表向导"第二个对话框

　　（6）以下的操作按照"导入数据表向导"的说明文字，确定要采用的列标题、字段选项、主键、表名和保存导入步骤等。在图 8 - 19 中输入导入到表的名字"学生成绩报送"，单击"完成"按钮，显示如图 8 - 20 所示界面，数据导入结束。

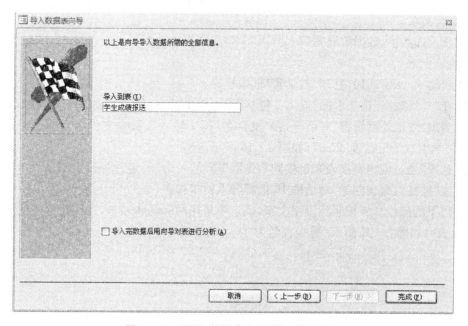

图 8 - 19　"导入数据表向导"第三个对话框

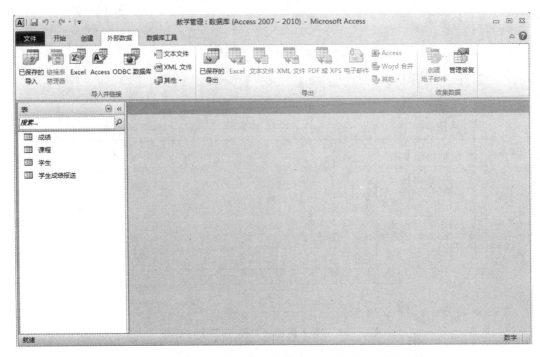

图 8-20　导入"学生成绩报送表.xlsx"数据后对话框

实验 8-7　链接 Excel 数据

1. 实验要求

链接 Excel 数据，数据源同案例七所用"学生成绩报送表.xlsx"。

2. 实验步骤

（1）启动 Access 2010，打开"教学管理"数据库。

（2）在"外部数据"选项卡的"导入并链接"组中单击"Excel"按钮，如图 8-15 所示。

（3）弹出"获取外部数据"对话框，在"文件名"框中输入源数据文件名或通过浏览找到源数据文件"学生成绩报送表.xlsx"，如图 8-16 所示。

（4）选择"通过创建链接表来链接到数据源"选项，单击"确定"按钮。

（5）在"链接数据表向导"对话框中，选择导入的工作表，单击"下一步"。

（6）以下的操作步骤按照其说明文字，确定要采用的标题和表名，完成链接表的创建。链接数据完成后如图 8-21 所示（链接表名为"学生成绩报送链接表"）。

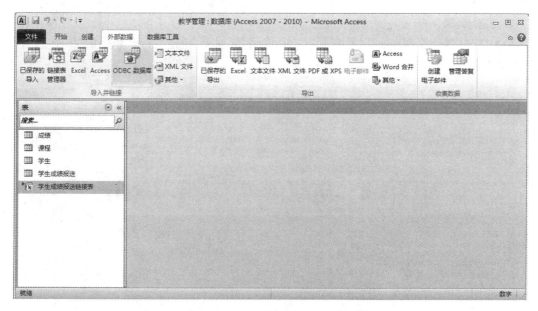

图 8‑21　链接"学生成绩报送表. xlsx"数据后对话框

实验 8‑8　验证性实验(1)

1. 实验要求

验证数据导入表与原数据文件的关系。

2. 实验步骤

(1) 打开导入的"学生成绩报送"表,将程亚军的成绩由"69"改为"96",关闭该表。

(2) 打开 Excel 文件"学生成绩报送表. xlsx"。

(3) 找到工作表,会发现程亚军的成绩没有变化,仍为"69",说明导入后的数据与原数据无关。

实验 8‑9　验证性实验(2)

1. 实验要求

验证数据链接表与原数据文件的关系。

2. 实验步骤

(1) 打开链接的"学生成绩报送链接表",尝试将程亚军的成绩"69"改为"96",会发现不能修改表中的数据,说明不能在 Access 中编辑链接表的内容。关闭该表。

(2) 在 Windows 中打开 Excel 文件"学生成绩报送表. xlsx"。

(3) 在工作表中将程亚军的成绩由"69"改为"96"。

(4) 查看 Access 链接的"学生成绩报送链接表",会发现程亚军的成绩由"69"变为"96"。说明由源程序对数据文件所做的任何更改都会出现在链接的表中。

实验 8‑10　数据库表导出(1)

1. 实验要求

将"教学管理. accdb"数据库中的"成绩"表数据导出为 PDF 文件。

2. 实验步骤

(1) 打开"教学管理.accdb"数据库,选中"成绩"表对象,单击"导出"组中的"PDF 或 XPS"按钮,如图 8 – 22 所示。

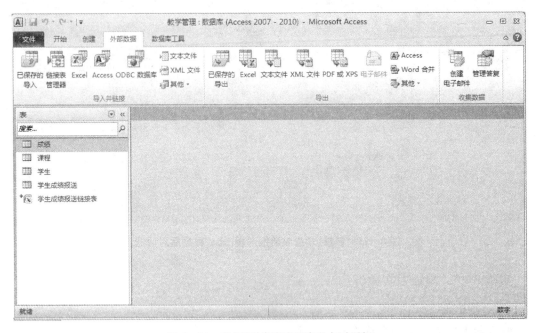

图 8 – 22　选择"外部数据"选项卡对话框

(2) 在打开的对话框中设置文件名和保存类型,如图 8 – 23 所示,并选中"发布后打开文件"复选框,单击"发布"按钮。

图 8 – 23　"发布为 PDF 或 XPS"对话框

（3）完成导出后，程序自动打开导出的 PDF 文件，并打开"导出保存"向导对话框，单击"关闭"按钮即可。

实验 8 - 11　数据库表导出（2）

1. 实验要求

将"教学管理. accdb"数据库中"学生"表导出到 Excel 中。

2. 实验步骤

（1）启动 Access 2010，打开"教学管理. accdb"数据库。

（2）在"外部数据"选项卡下"导出"组中 Excel 按钮，弹出"选择数据导出操作的目标"的对话框，如图8 - 24所示。

图 8 - 24　"导出 Excel 电子表格"对话框

（3）单击对话框中的"浏览"按钮，在"另存为"对话框中选择存储地址，在下面的"文件格式"下拉列表框中选择"Excel 工作簿（＊. xlsx）"选项，选中"导出数据时包含格式和布局"复选框和"完成导出操作后打开目标文件"复选框。

（4）单击"确定"按钮，即可完成导出，打开 Excel 显示导出的数据，如图 8 - 25 所示。

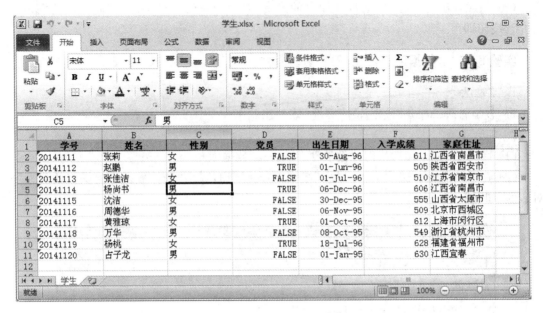

图 8－25　导出的 Excel 表格

实验 9　宏设计

一、实验目的

(1) 理解宏的概念、作用及分类；

(2) 熟悉常用宏操作命令的使用；

(3) 掌握操作序列宏、条件宏和宏组的创建；

(4) 掌握宏的运行方法；

(5) 掌握宏与窗体之间的关系；

(6) 能够运用宏创建数据库应用系统菜单。

二、实验内容

实验 9-1　简单宏的创建

1. 实验要求

创建名为"打开员工表"的宏，其功能显示"学生"表，宏运行结果如图 9-1 所示。

ID	公司	姓氏	名字	电子邮件地址	职务	业务电话	住宅电话	移动电话	传真号	地址
1	罗斯文贸易	张	颖	nancy@northwindtrade	销售代表	(010) 65553	(010) 65559		(010) 56987	复兴门 245
2	罗斯文贸易	王	伟	andrew@northwindtrade	销售副总裁	(010) 13265	(010) 65559		(010) 36257	罗马花园 8'
3	罗斯文贸易	李	芳	jan@northwindtraders	销售代表	(010) 36254	(010) 65553		(010) 65353	芍药园小区
4	罗斯文贸易	郑	建杰	mariya@northwindtrade	销售代表	(010) 54875	(010) 65558		(030) 30058	前门大街 7:
5	罗斯文贸易	赵	军	steven@northwindtra	销售经理	(010) 12365	(010) 65554		(010) 43652	学院路 78
6	罗斯文贸易	孙	林	michael@northwindtr	销售代表	(010) 23554	(010) 65557		(010) 45567	阜外大街 1:
7	罗斯文贸易	金	士鹏	robert@northwindtra	销售代表	(010) 23651	(010) 65555		(010) 45367	成府路 119
8	罗斯文贸易	刘	英玫	laura@northwindtrade	销售协调	(010) 35264	(010) 65551		(010) 24567	建国门 76
9	罗斯文贸易	张	雪眉	anne@northwindtrade	销售代表	(010) 12365	(010) 65554		(010) 45678	永安路 678
*	(新建)									

图 9-1　"员工"表

2. 实验步骤

(1) 打开"罗斯文"数据库。

(2) 在数据库中打开"创建"选项卡，单击"宏与代码"组的"宏"按钮，进入宏设计窗口，在"添加新操作"组合框中选择"OpenTable"，窗口会出现相应的操作参数。在操作参数栏的"表名称"项选择"员工"，"视图"项中选择"数据表"，"数据模式"项中选择"编辑"模式，如图 9-2 所示。

(3) 在右侧"操作目录"窗格中，把程序流程中的"Comment"拖到"添加新操作"组合框中，添加注释文字：打开"员工"表(也可双击"Comment")，如图 9-3 所示。

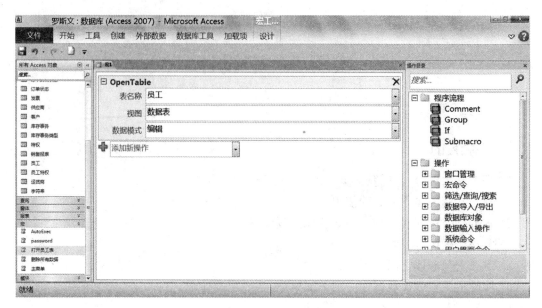

图 9-2　宏设计器窗口

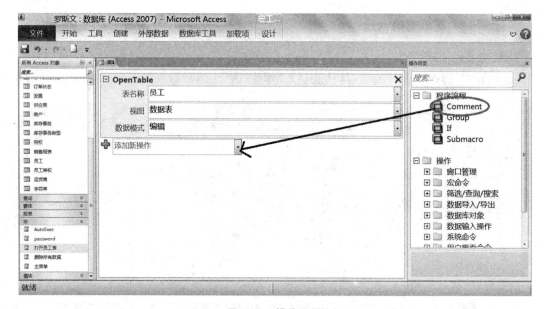

图 9-3　操作目录

（4）关闭窗口，在弹出的"另存为"对话框中输入宏名称为"打开员工表"，单击"确定"按钮即可，如图 9-4 所示。

（5）双击"打开运行员工表"运行该宏，观察运行结果。

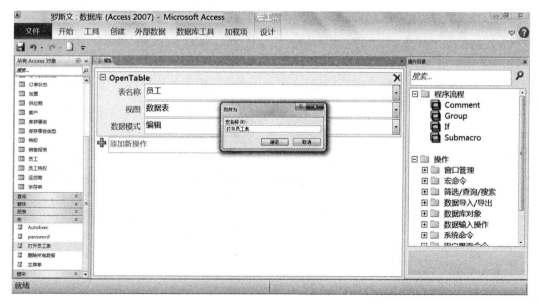

图 9-4 创建好的宏"另存为"窗口

实验 9-2 宏组的创建与应用

1. 实验要求

(1) 设计名为"主菜单"的宏,其中包括 5 个宏:m1、m2、m3、m4、m5。其中 m1 的功能是打开"员工"表并最大化显示,m2 的功能是打开"员工列表"窗体并最大化显示,m3 的功能是执行"员工扩展信息"查询并最大化显示,m4 的功能是打开"员工电话簿"报表并最大化显示,m5的功能是关闭"主窗体"。

(2) 建立名为"主窗体"的窗体,窗体包含 5 个命令按钮:"打开员工表"、"打开员工列表窗体"、"打开员工扩展信息查询"、"打开员工电话簿报表"和"退出窗体",其功能依次是运行宏组中的各个宏,窗体如图 9-5 所示。

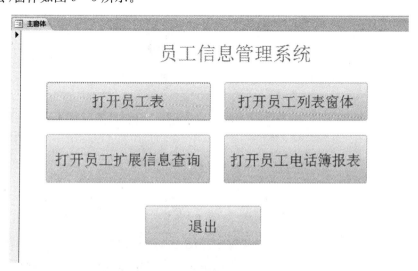

图 9-5 主窗体

2. 实验步骤

(1) 在数据库中打开"创建"选项卡,单击"宏与代码"组的"宏"按钮,进入宏设计窗口。

(2) 在"操作目录"窗格中,把程序流程中的"Submacro"拖到"添加新操作"组合框中,在子宏名称文本框中,在子宏名称文本框中,默认名称为 Sub1,把该名称修改为"m1"(也可以双击"Submacro"),如图 9-6 所示。

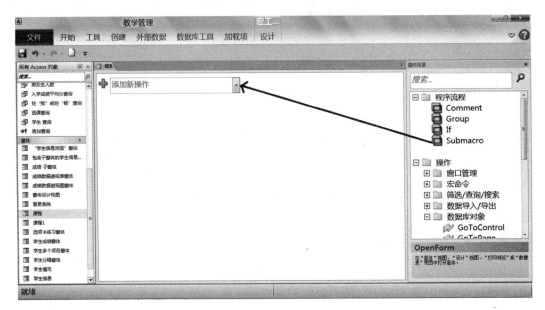

图 9-6　宏设计视图及操作目录

(3) 在"添加新操作"组合框中选择"OpenTable",窗口中会出现相应的操作参数。在操作参数栏的"表名称"项选择"员工","视图"项中选择"数据表","数据模式"项中选择"编辑"模式。在子宏 m1 中"添加新操作"组合框中选择"MaximizeWindow"、"Comment"操作,输入注释信息"打开员工表",如图 9-7 所示。这个宏操作的功能是以编辑模式打开"员工"表并最大化显示。

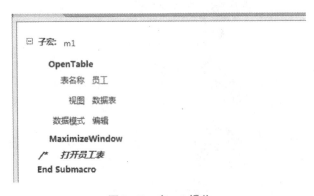

图 9-7　宏 m1 操作

(4) 类似步骤(2)和步骤(3),设置宏名为 m2、m3、m4 和 m5 的子宏,在对应的操作组合框中选择"OpenForm"、"MaximizeWindow"、"Comment","OpenQuery"、"MaximizeWindow"、"Comment","OpenReport"、"MaximizeWindow"、"Comment","CloseWindow"、"Comment"命令。

　　(5) 设置相应的操作参数。在 m2 的"OpenForm"操作参数栏的"窗体名称"项选择"员工列表"窗体,"视图"项中选择"窗体","窗口模式"项中选择"普通"模式,"Comment"注释信息为"打开员工列表窗体"。在 m3 的"OpenQuery"操作参数栏的"查询名称"项选择"员工扩展信息"查询,"视图"项中选择"数据表","数据模式"项中选择"编辑"模式,"Comment"注释信息为"打开员工扩展信息查询"。在 m4 的"OpenReport"操作参数栏的"报表名称"项选择"员工电话簿"报表,"视图"项中选择"报表","窗口模式"项中选择"普通"模式,"Comment"注释信息为"打开员工电话簿报表"。在 m5 的"CloseWindow"操作参数栏的"对象类型"项选择"窗体","对象名称"项中输入"主窗体","保存"项中选择"提示","Comment"注释信息为"关闭主窗体",如图 9 – 8 所示。

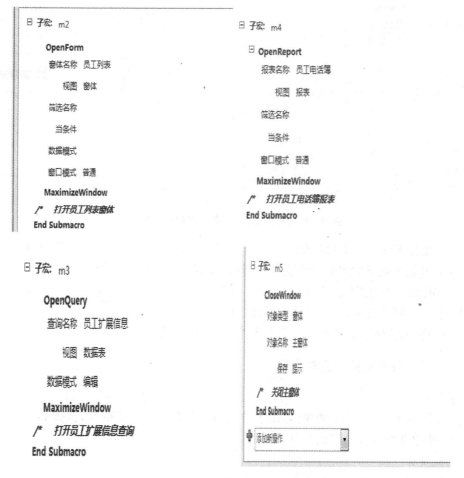

图 9 – 8　宏组设计结果

　　(6) 单击"保存"按钮,"宏名称"文本框中输入"主菜单",单击"确定"按钮。

　　(7) 关闭宏设计器。在功能区"创建"选项卡的"窗体"组,单击"窗体设计"按钮,打开窗体设计器窗口。

　　(8) 按照图 9 – 4 所示建立名为"主窗体"的窗体。窗体包含 5 个命令按钮,功能依次是执行打开"员工"表并最大化显示、打开"员工列表"窗体并最大化显示、执行"员工扩展信息"查询并最大化显示、打开"员工电话簿"报表并最大化显示和关闭"主窗体"。设置窗体的"分割线"、

"记录选择器"和"导航按钮"属性为"否"。

（9）将建好的宏组附加到 5 个命令按钮上。通过右键快捷菜单打开"打开员工表"命令按钮的属性窗口。并在"事件"选项中卡的"单击"属性框中选择"主菜单. ml"，如图 9-9 所示。

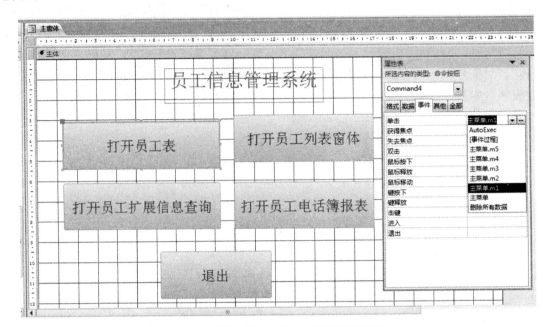

图 9-9　"打开员工表"命令按钮属性窗口

（10）重复步骤（9），依次对剩余的 4 个命令按钮"打开员工列表窗体"、"打开员工扩展信息查询"、"打开员工电话簿报表"和"退出"进行设置，其中"单击"属性框中分别选择"主菜单. m2"、"主菜单. m3"、"主菜单. m4"和"主菜单. m5"。

（11）单击"保存"按钮，完成窗体的设计过程。

（12）运行"主窗体"，分别单击 5 个命令按钮，观察结果。

实验 9-3　条件宏的创建与应用

1. 实验要求

创建一个如图 9-10 所示的窗体，用于验证用户名和密码的正确性，窗体名称为"登录"。然后建立一个名为"password"的条件宏。

2. 实验步骤

（1）打开"罗斯文"数据库。

（2）按照图 9-10 所示建立名为"登录"的窗体，窗体中包含 2 个标签、2 个文本框和 2 个按钮。2 个文本框的名称分别为"usename"和"password"。

（3）在"创建"选项卡的"宏与代码"组中，单击"宏"按钮，打开"宏设计器"。

（4）在"添加新操作"组合框中，输入"IF"，单击条件表达式文本框右侧的 按钮。

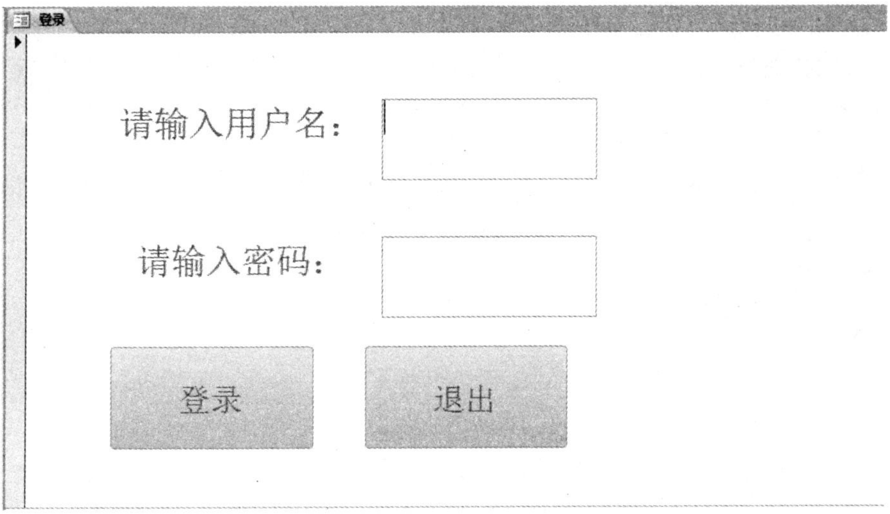

图 9-10　"登录"窗体

（5）打开"表达式生成器"对话框，在"表达式元素"窗格中，展开"罗斯文. accdb/Forms/所有窗体"，选中"登录"窗体。在"表达式类别"窗格中双击"usename"，并在表达式值中输入"<>"admin""，双击"password"，在表达式值中输入"<>"123456""，表达式值为"or"，如图9-11所示。单击"确定"按钮，返回"宏设计器"中。

图 9-11　"表达式生成器"对话框

（6）在"添加新操作"组合框中单击下拉箭头，在打开的列表中选择"MessageBox"，在"操作参数"窗格的"消息"行中输入"用户名或密码错误!"，在类型组合框中选择"警告!"，其他参数默认，如图 9-12 所示。

图 9-12   password 宏第一个 IF 的设计图

（7）重复步骤（4）和步骤（5），设置第二个 IF。在 IF 的条件表达式中输入条件"Forms![登录]![username]="admin" and Forms![登录]![password]="123456""。在"添加新操作"组合框中单击下拉箭头，在打开的列表中选择"CloseWindow"，其他参数分别为"窗体"、"登录"和"提示"，如图 9-13 所示。

（8）在"添加新操作"组合框中单击下拉箭头，在打开的列表中选择"OpenForm"，其他参数分别为"主窗体"、"窗体"和"普通"，如图 9-13 所示。

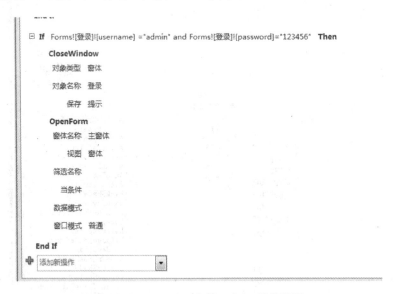

图 9-13   password 宏第二个 IF 的设计图

（9）保存宏并命名为"password"。

（10）关闭宏设计器，打开"登录"窗体切换到设计视图中，选中"确定"按钮，在属性窗口的"事件"选项卡中，单击项选"password"。

（11）选"窗体"对象，打开"登录"窗体，分别输入正确的密码、错误的密码，单击"确定"按钮,查看结果。密码错误的界面如图 9-14 所示。

图 9-14　密码错误的运行结果

实验 9-4　自动运行宏的创建

1. 实验要求

当用户打开数据库后,系统弹出欢迎界面,如图 9-15 所示。

2. 实验步骤

(1) 启动 Access 2010,打开"教学管理"数据库。选择"创建"选项卡,单击"宏与代码"组的"宏"选项。创建一个名为"宏 1"的空白宏,并进入该宏的设计视图。

(2) 单击"添加新操作"右侧的下拉按钮,在弹出的下拉列表框中选择"MessageBox"宏操作,在"操作参数"窗格的"消息"行中输入"欢迎使用员工信息管理系统!",在类型组合框中,选择"信息",其他参数默认,如图 9-16 所示。

(3) 保存宏,重命名为"AutoExec"。

(4) 关闭数据库。

(5) 重新打开"罗斯文.accdb"数据库,宏自动执行,弹出如图 9-15 所示的欢迎消息,宏"AutoExec"被自动执行。

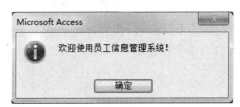

图 9-15　"欢迎界面"对话框

图 9-16　自动运行宏设计视图

实验 9-5　宏的综合应用

1. 实验要求

使用宏在报表中创建快捷菜单，通过该快捷菜单，用户可以自己添加常用的操作。

2. 具体步骤。

（1）启动 Access 2010，打开"教学管理"数据库。选择"创建"选项卡，单击"宏与代码"组的"宏"选项。创建一个名为"宏 1"的空白宏，并进入该宏的设计视图，如图 9-17 所示。

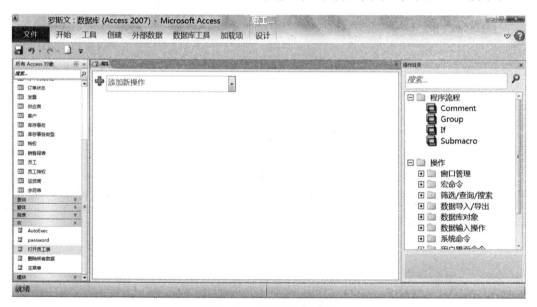

图 9-17　宏 1 的设计视图

（2）单击"添加新操作"右侧的下拉按钮，在弹出的下拉列表框中选择 Submacro 宏操作，添加一个字宏，将其命名为"打开学生信息表"，如图 9-18 所示。

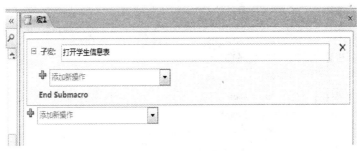

图 9 - 18　添加一个子宏

（3）在子宏内部单击"添加新操作"右侧的下拉按钮，在弹出的下拉列表框中选择 OpenTable 宏操作，并设置参数。然后再添加一个 MaximizeWindow 宏操作，如图 9 - 19 所示。

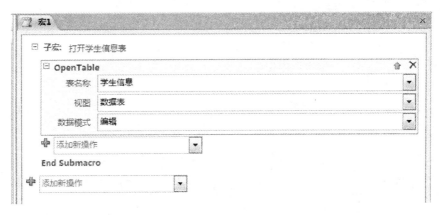

图 9 - 19　在子宏中添加操作

（4）使用同样的方法，添加其余 2 个子宏，分别命名为"打开"和"退出"，然后在子宏中添加相应的宏操作。操作完成后，单击"保存"按钮，保存然后关闭该宏，并将其命名为"快捷菜单"，如图 9 - 20 所示。

（5）选择"文件"选项卡，在左侧列表中选择"选项"命令，弹出"Access 选项"对话框。选择"自定义功能区"命令，然后在"开始"选项卡中新建一个组，并将"用宏创建快捷菜单"命令添加到该组中，如图 9 - 21 所示。

图 9‑20   添加其余 2 个子宏

图 9‑21   Access 选项对话框

（6）操作完成后，单击"确定"按钮，可以看到在"开始"选项卡中，已成功添加了新建组。在导航窗格中选中"快捷菜单"宏，并单击"新建组"的"用宏创建快捷菜单"选项，如图9-22所示。

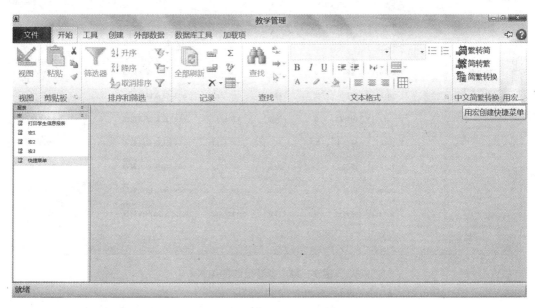

图9-22　"新建"组的"用宏创建快捷菜单"选项

（7）在导航窗格中双击打开"学生信息"报表，并切换到"设计视图"界面。在"属性表"窗格中，选择"其他"选项卡，单击"快捷菜单栏"属性右侧的下拉按钮，在弹出的下拉列表框中选择"快捷菜单"选项，如图9-23所示。

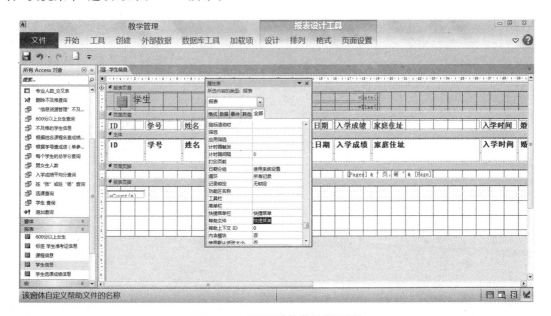

图9-23　设置"快捷菜单栏"属性

（8）切换到"报表视图"界面，右击鼠标，可以看到，当前的快捷菜单已经变更为子宏的名称。选择某菜单命令，即可执行相应的操作，如图 9-24 所示。

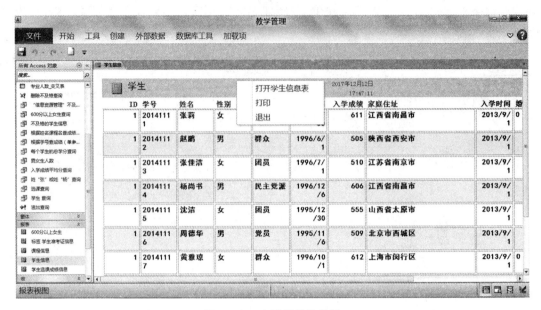

图 9-24 查看最终的结果

实验 10　模块与 VBA 程序设计

一、实验目的

(1) 掌握建立标准模块及窗体模块的方法；
(2) 熟悉 VBA 开发环境及数据类型；
(3) 掌握常量、变量、函数及其表达式的使用用法；
(4) 掌握程序设计的顺序结构、分支结构、循环结构；
(5) 了解 VBA 的过程及参数传递；
(6) 掌握变量的定义方法和不同的作用域和生存期；
(7) 了解数据库的访问技术。

二、实验内容

实验 10-1　创建窗体类模块

1. 实验要求
创建"学生成绩"窗体类模块。

2. 实验步骤
(1) 在数据库窗口的"对象"列表的"窗体"对象中双击要操作的窗体，如图 10-1 所示。

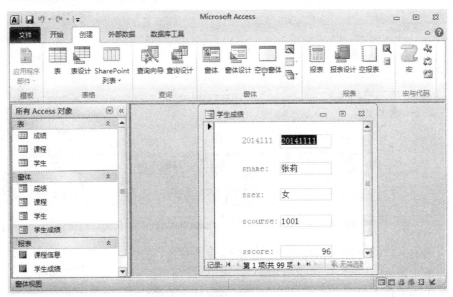

图 10-1　选中窗体对象时的数据库窗口

（2）单击"数据库工具"下面的"宏"子项中的"Visual Basic"或按下组合键 Alt＋F11，进入 Visual Basic 代码编辑窗口，如图 10－2 所示。

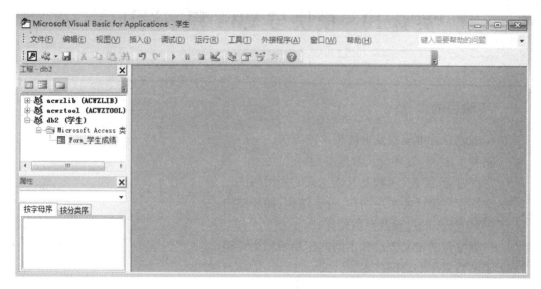

图 10－2　Visual Basic 代码编辑窗口

若打开的 VBA 代码编辑窗口中没有出现代码子窗口（如图 10－2 所示）的情况，则可以单击 VBA 代码编辑窗口中的"视图"菜单，然后选择菜单中的"代码窗口"，代码窗口就会出现在 VBA 代码编辑窗口中，如图 10－3 所示。

图 10－3　含有代码子窗口的 Visual Basic 代码编辑窗口

（3）从代码窗口的"对象列表框"中选择要操作的对象。

（4）选择对象后，从模块代码窗口中的"过程事件"列表框中选择相关联的过程名。

（5）在代码窗口中出现的标准过程格式中添加要实现的代码。

（6）根据需要重复选择对象和过程的操作，直至完成，如图 10－4 所示。

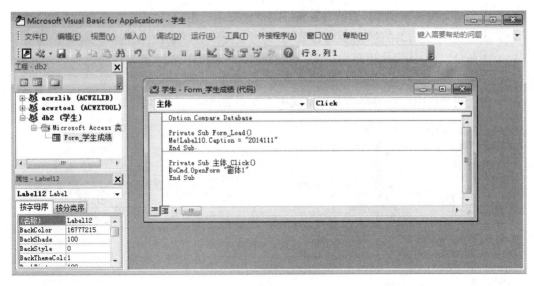

图 10-4　窗体模块代码窗口

实验 10-2　创建报表类模块

1. 实验要求

在运行名为"成绩表"的报表时,根据学生的各门课程考试成绩,显示或隐藏一个祝贺消息。当成绩超过 90 分时,将有一个名为 Message 的标签在打印此节时显示消息"祝贺您取得了好成绩";当成绩低于 90 分时,此标签将被隐藏。

2. 实验步骤

(1) 从数据库窗口"对象"列表的"报表"对象中双击要操作的报表,如图 10-5 所示。

图 10-5　选中报表对象时的数据库窗口

（2）按下组合键 Alt＋F11，进入 Visual Basic 代码编辑窗口，如图 10-3 所示。

（3）从模块代码窗口中的"对象列表框"中选择要操作的对象，这里选择"主体"。

（4）选择对象后，从模块代码窗口的"过程事件"列表框中选择相关联的过程名。此处选择 Format 事件。

（5）在代码窗口中出现的标准过程格式中添加要实现的代码，如图 10-6 所示。

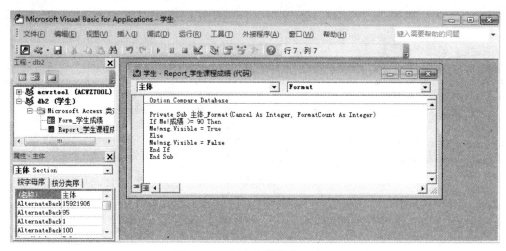

图 10-6　报表类模块代码窗口

实验 10-3　创建其他类模块

1. 实验要求

创建不属于窗体或报表的类模块。

2. 实验步骤

（1）在 Access 2010 数据库窗口中，单击"创建"→"宏与代码"→"类模块"，屏幕上将显示一个空白的类模块，如图 10-7 所示。

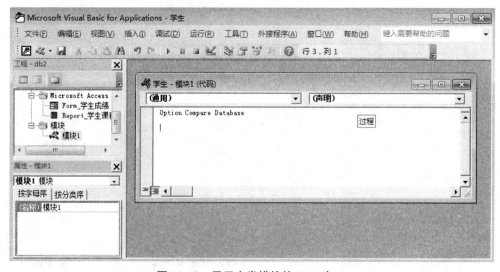

图 10-7　显示空类模块的 VBA 窗口

（2）在图 10 - 7 所示的 VBA 窗口中单击"插入"菜单中的"过程"命令，弹出如图 10 - 8 所示的对话框。

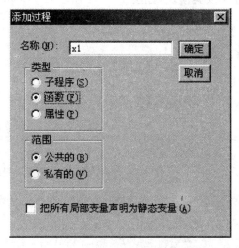

图 10 - 8　插入过程对话框

使用上面的"添加过程"对话框中为类模块添加所需的过程或函数，如图 10 - 9 所示。

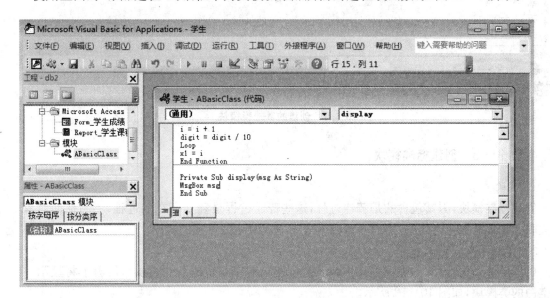

图 10 - 9　创建类模块的窗口

（3）保存模块。单击工具栏上的"保存"按钮，然后在"另存为"对话框中为类模块指定名称，如图 10 - 10 所示。

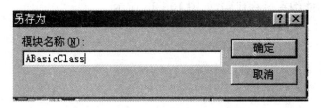

图 10 - 10　"另存为"窗口

在首次保存一个类模块之后,该模块的名称就会显示在 Access 2010 数据库窗口的"模块"对象列表中,双击它即可打开该类模块,如图 10 - 11 所示。

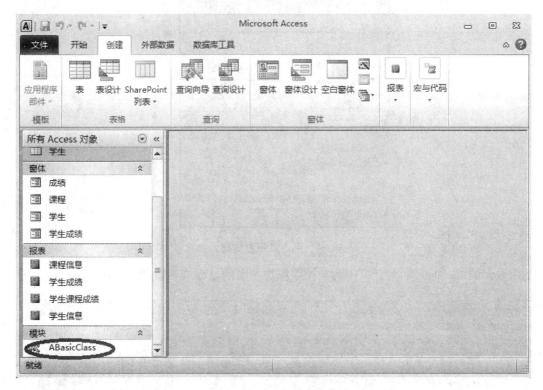

图 10 - 11   创建的其他类模块

实验 10 - 3   创建标准模块

1. 实验要求

创建标准模块,因其包含的是普通过程,这些普通过程是独立存在的过程,不与任何对象相关联。如果需要执行这些过程,可以在程序中完成对这些过程的调用。

2. 实验步骤

(1) 在 Access 2010 数据库窗口中,单击"创建"→"宏与代码"→"模块",屏幕上将显示一个空白的类模块,如图 10 - 12 所示。

(2) 单击"新建"按钮,进入标准模块窗口。

(3) 选择"插入"菜单中的"过程"命令,在弹出的对话框中输入过程名称和过程类型,然后单击"确定"按钮,将所需的过程或函数添加到模块。

(4) 根据过程的功能编写过程代码,如图 10 - 13 所示。

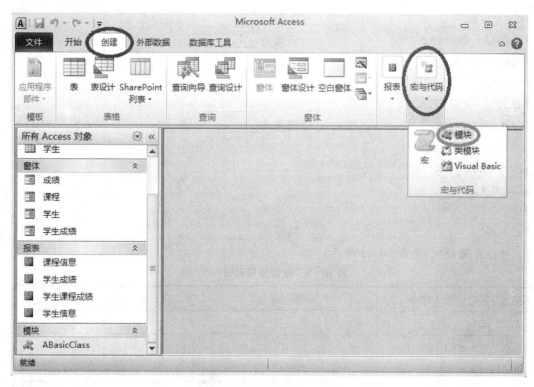

图 10 - 12 用于创建标准模块的"模块"命令

图 10 - 13 创建标准模块的窗口

实验 10 - 4 Access 常量、变量、函数及表达式

实验要求:通过立即窗口完成以下各题

1. 填写命令的结果

?7\2   结果为_____

?7 mod 2   结果为_____

?5 /2 < = 10   结果为_____

? ♯2012 − 03 − 05♯   结果为_____

?"VBA"&"程序设计"   结果为_____

?"Access" + "数据库"   结果为_____

? ♯2012 − 03 − 05♯   结果为_____

?"x + y = "&3 + 4   结果为_____

a1 = ♯2009 − 08 − 01♯

a2 = a1 + 35

?a2   结果为_____

?a1 − 4   结果为_____

2. 数值处理函数(见表 10−1 所示)

表 10−1　数值处理函数

在立即窗口中输入命令	结　果	功　能
? int(−3.25)		
? sqr(9)		
? sgn(−5)		
? fix(15.325)		
? round(15.3451, 2)		
? abs(−5)		

3. 常用字符函数(见表 10−2 所示)

表 10−2　常用字符函数

在立即窗口中输入命令	结　果	功　能
? InStr ("ABCD", "CD")		
C="Beijing University"		
? Mid(c, 4, 3)		
? Left(c, 7)		
? right(c, 10)		
? Len(c)		
d="　BA　"		
? "V"+Trim(d)+"程序"		
? "V"+Ltrim(d)+"程序"		
? "V"+Rtrim(d)+"程序"		
? "1"+Space(4)+"2"		

4. 日期与时间函数(见表 10－3 所示)

表 10－3　常用字符函数

在立即窗口中输入命令	结　果	功　能
? Date()		
? Time()		
? Year(Date())		

5. 类型转换函数(见表 10－4 所示)

表 10－4　常用字符函数

在立即窗口中输入命令	结　果	功　能
? Asc("BC")		
? Chr(67)		
? Str(100101)		
? Val("2010.6")		

实验 10－5　VBA 程序控制(顺序控制与输入/输出)

1. 实验要求

输入圆的半径,显示圆的面积,如图 10－14 和图 10－15 所示。

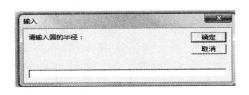

图 10－14　圆的半径输入窗口

图 10－15　圆的面积输出窗口

2. 实验步骤

(1) 打开任意数据库,在其窗口中选择"模块"对象,单击新建按钮,打开 VBE 窗口。

(2) 在代码窗口中输入"Area"子过程,过程 Area 代码如下:

```
Sub Area()
Dim r As Single
Dim s As Single
r = InputBox("请输入圆的半径:", "输入")
s = 3.14 * r * r
MsgBox "半径为:" + Str(r) + "时的圆面积是:" + Str(s)
End Sub
```

(3) 运行过程 Area,在输入框中输入半径,记录输出结果。

(4) 单击工具栏中的"保存"按钮,输入模块名为"求圆面积",保存模块。

实验 10-6　VBA 程序控制（选择控制 1）

1. 实验要求

编写一个过程，从键盘输入一个数 X，如果 X≥0，输出它的算数平方根；如果 X<0，输出它的平方值。如图 10-16 和图 10-17 所示。

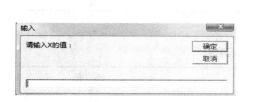

| **图 10-16　数据输入窗口** | **图 10-17　结果输出窗口** |

2. 实验步骤

（1）在数据库窗口中选择"模块"对象，单击新建按钮，打开 VBE 窗口。

（2）在代码窗口中添加"Prm1"子过程，过程 Prm1 代码如下：

```
Sub Prm1()
Dim x As Single
Dim y As Single
x = InputBox("请输入 X 的值:", "输入")
If x >= 0 Then
y = Sqr(x)
Else
y = x * x
End If
MsgBox "x=" + Str(x) + "时 y=" + Str(y)
End Sub
```

（3）运行过程 Prm1，在输入框中输入数据，记录输出结果。

（4）单击工具栏中的"保存"按钮，输入模块名为"M1"，保存模块。

实验 10-7　VBA 程序控制（选择控制 2）

1. 实验要求

收入税计算。假定收入税的征税办法如下：收入在 3 500 元以下（含 3 500 元）的不征税；收入在 3 500 元以上，5 000 元以下（含 5 000 元）者，超过 3 500 元的部分按 3% 的税率征税；收入在 5 000 元以上，8 000 元以下（含 8 000 元）者，超过 3 500 元部分按 10% 的税率征税；收入在 8 000 元以上，12 500 元以下（含 12 500 元）者，超出 3500 元部分按 20% 的税率征税；收入在 12 500 元以上，38 500 元以下（含 38 500 元）者，超出 3 500 元部分按 25% 的税率征税；收入在 38 500 元以上者，超出 3 500 元部分按税率 30% 征税。编写按收入 P 计算税费 T 的程序。如图 10-18 和图 10-19 所示。

图 10－18　工资输入窗口　　　　　　**图 10－19　所得税输出窗口**

2. 实验步骤

（1）在数据库窗口中选择"模块"对象，单击新建按钮，打开 VBE 窗口。

（2）在代码窗口中添加"CalculateTax"子过程，过程 CalculateTax 代码如下：

```
Sub CalculateTax()
Dim p As Single, T As Single, s As String
s = InputBox("请输入你的收入值:")
p = Val(s)
If p< = 3500 Then
    T = 0
ElseIf p< = 5000 Then
    T = (p - 3500) * 0.03
ElseIf p< = 8000 Then
    T = (p - 3500) * 0.1
ElseIf p< = 12500 Then
    T = (p - 3500) * 02
ElseIf p< = 38500 Then
    T = (p - 3500) * 0.25
Else
    T = (p - 3500) * 0.3
End If
MsgBox("你的收入为"& p &",应缴纳的收入税为"& T, vbOKOnly, "结果显示")
End Sub
```

（3）运行过程 CalculateTax，在输入框中输入数据，记录输出结果。

（4）单击工具栏中的"保存"按钮，输入模块名为"M2"，保存模块。

实验 10－8　VBA 程序控制（循环控制 1）

1. 实验要求

求 1～100 自然数的和，如图 10－20 所示。

2. 实验步骤

（1）在数据库窗口中选择"模块"对象，单击新建按钮，打开 VBE 窗口。

（2）在代码窗口中添加"Prm2"子过程，过程 Prm2 代码如下：

图 10－20　1～100 的自然数的和

```
Sub Prm2
Dim i As Integer, S As Integer
i = 1
S = 0
Do While i < = 100
   S = S + i
   i = i + 1
Loop
MsgBox("S = 1 + 2 + 3 + … + 100 = "& S)
End Sub
```

(3) 运行该过程,最后保存模块"M3"。

实验 10 - 9 VBA 程序控制(循环控制2)

1. 实验要求

编写过程求 n!,如图 10 - 21 和图 10 - 22 所示。

图 10 - 21 数据输入窗口   图 10 - 22 结果输出窗口

2. 实验步骤

(1) 在数据库窗口中选择"模块"对象,单击新建按钮,打开 VBE 窗口。

(2) 在代码窗口中添加"Factorial"子过程,过程 Factorial 代码如下:

```
Sub Factorial()
Dim n As Integer, k As Integer, fac As Integer
n = Val(InputBox("请输入一正整数:"))
k = 1
fac = 1
Do Until k > n
   fac = fac * k
   k = k + 1
Loop
MsgBox(n &"! = "& fac)
End Sub
```

(3) 运行该过程,最后保存模块"M4"。

实验 10 - 10　VBA 程序控制(分支结构)

1. 实验要求

根据当前时间,判断是上午、中午、下午、晚上,还是午夜,如图 10 - 23 所示。

图 10 - 23　程序输出结果

2. 实验步骤

(1) 在数据库窗口中选择"模块"对象,单击新建按钮,打开 VBE 窗口。

(2) 在代码窗口中添加"TimeNow"子过程,过程 TimeNow 代码如下:

```
Sub TimeNow( )
Dim h As Byte,msg As String
h = Hour(Now)
Select Case h
Case 1 To 11
    msg = "上午"
Case 12
    msg = "中午"
Case 13 To 17
    msg = "下午"
Case 18 To 22
    msg = "晚上"
Case 23, 24
    msg = "午夜"
End Select
MsgBox("现在是:" & msg)
End Sub
```

(3) 运行该过程,最后保存模块"M5"。

实验 11　实例开发——教学管理系统

一、实验目的

(1) 掌握综合运用 Access 各项功能的方法；
(2) 熟悉信息管理系统开发的流程和方法；
(3) 了解软件工程的理念和方法。

二、实验内容

1. 需求分析

设计和开发应用系统的第一步就是进行需求分析，了解用户对信息系统的基本要求。例如，对教学管理系统，用户对系统的要求包括：教学管理人员及教师通过该系统可以对全校教师信息、系部信息、课程信息和学生信息进行添加、删除、修改和查询等操作；教师通过该系统可以对所教课程进行成绩的登记管理。此外，通过该系统还可以对学生选课情况进行汇总分析、产生报表等操作。系统主界面如图 11-1 所示。

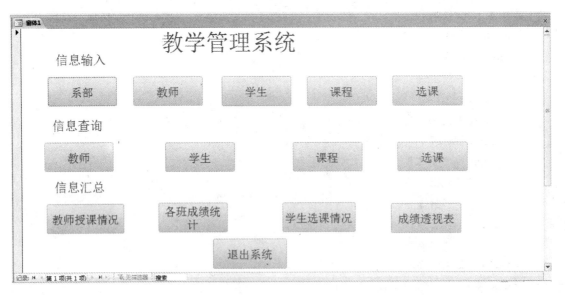

图 11-1　系统主界面

根据需求分析，系统功能模块图见表 11-1 所示。

表 11-1 系统功能模块

教学管理系统		
基本信息管理	系部信息的添加、删除、修改	
	教师信息的添加、删除、修改	
	学生信息的添加、删除、修改	
	选课信息的添加、删除、修改	
	课程信息的添加、删除、修改	
信息查询	教师信息	查看个人情况
		查看授课情况
	学生信息	查看个人情况
		查看各班学生情况
	课程信息	查看各学期的开课情况
	选课信息	按学生查看
		按课程查看
信息汇总和分析	按教师对授课情况汇总分析(报表)	
	按班级对成绩汇总分析(报表)	
	按学生对成绩汇总分析(报表)	
	按班级和课程对成绩汇总分析(报表)	

2. 数据库概念结构设计(如图 11-2 所示)

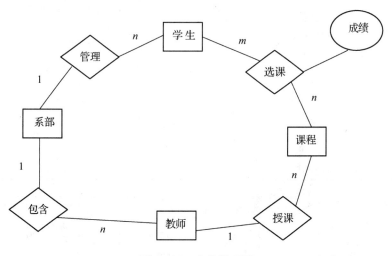

图 11-2 实体关系图

3. 逻辑结构设计

ER 图转换成数据库关系模型需要 5 个表(4 个实体、一个关系)

(1)"系部"表:系号、系名、系主任,见表 11-2 所示,数据表视图如图 11-3 所示。

表 11-2　“系部”表结构

字段名称	数据类型	字段大小	常规属性
系号	文本	2	主键
系名	文本	10	
系主任	文本	4	

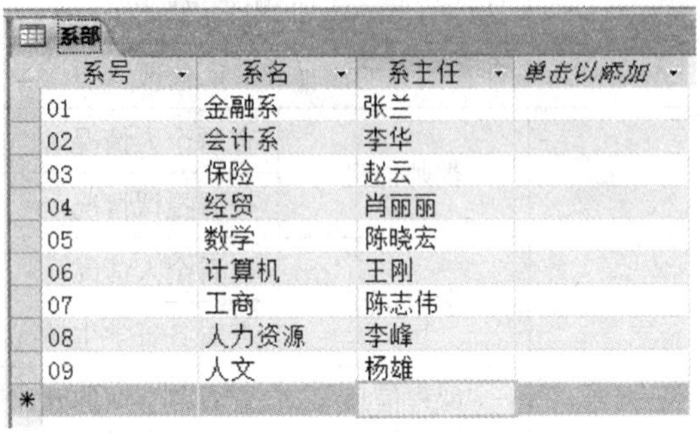

系部

系号	系名	系主任	单击以添加
01	金融系	张兰	
02	会计系	李华	
03	保险	赵云	
04	经贸	肖丽丽	
05	数学	陈晓宏	
06	计算机	王刚	
07	工商	陈志伟	
08	人力资源	李峰	
09	人文	杨雄	
*			

图 11-3　“系部”数据表视图

（2）“教师”表：教师编号、姓名、性别、出生日期、系号、职称、电话号码、E-mail、简历、照片，见表 11-3 所示，数据表视图如图 11-4 所示。

表 11-3　“教师”表结构

字段名称	数据类型	字段大小	常规属性
教师编号	文本	6	主键
姓名	文本	4	
性别	文本	1	设置有效性规则和有效性文本，默认值为“男”
出生日期	日期/时间		
系号	文本	2	
职称	文本	6	
电话号码	文本	11	输入掩码 00000000000
E-mail	超链接		
简历	备注		
照片	OLE 对象		

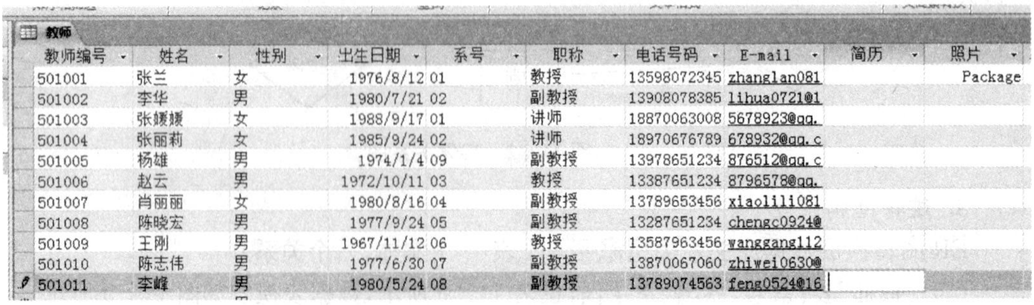

教师

教师编号	姓名	性别	出生日期	系号	职称	电话号码	E-mail	简历	照片
501001	张兰	女	1976/8/12	01	教授	13598072345	zhanglan081		Package
501002	李华	男	1980/7/21	02	副教授	13908078385	lihua0721@1		
501003	张媛媛	女	1988/9/17	01	讲师	18870063008	5678923@qq.		
501004	张丽莉	女	1985/9/24	02	讲师	18970676789	678932@qq.c		
501005	杨雄	男	1974/1/4	09	副教授	13978651234	876512@qq.c		
501006	赵云	男	1972/10/11	03	教授	13387651234	8796578@qq.		
501007	肖丽丽	女	1980/8/16	04	副教授	13789653456	xiaolili081		
501008	陈晓宏	男	1977/9/24	05	副教授	13287651234	chengc0924@		
501009	王刚	男	1967/11/12	06	教授	13587963456	wanggang112		
501010	陈志伟	男	1977/6/30	07	副教授	13870067060	zhiwei0630@		
501011	李峰	男	1980/5/24	08	副教授	13789074563	feng0524@16		

图 11-4　“教师”数据表视图

（3）"学生"表：学号、姓名、性别、出生日期、系号、班级、贷款否、简历、照片，见表 11－4 所示，数据表视图如图 11－5 所示。

表 11－4　"学生"表结构

字段名称	数据类型	字段大小	常规属性
学号	文本	10	主键
姓名	文本	4	
性别	文本	1	设置有效性规则和有效性文本，默认值为"男"
出生日期	日期/时间		
系号	文本	2	
班级	文本	8	
贷款否	是否		
简历	备注		
照片	OLE 对象		

学号	姓名	性别	出生日期	系号	班级	贷款否	简历	照片
2017011220	李达	男	1999/8/17		20170112	☐		
2017021221	张丽丽	女	2000/9/8		20170212	☐		
2017031220	王志刚	男	2000/1/1		20170312	☑		
2017041210	华丽	女	2000/3/27		20170412	☐		
2017051211	杨峰	男	1999/7/6		20170512	☑		
2017061219	陈志伟	男	2000/12/3		20170612	☐		
2017071218	吴瑜	女	1998/12/31		20170712	☐		
2017081230	刘伯温	男	2000/8/19		20170812	☑		

图 11－5　"学生"数据表视图

（4）"课程"表：课程号、课程名、学分、教师编号、开课学期，见表 11－5 所示，数据表视图如图 11－6 所示。

表 11－5　"课程"表结构

字段名称	数据类型	字段大小	常规属性
课程号	文本	3	主键
课程名	文本	10	
学分	数字	整型	
教师编号	文本	6	
开课学期	文本	1	

课程号	课程名	学分	教师编号	开课学期
101	计算机基础	3	501001	1
102	高等数学	5	501002	1
103	保险学	2	501003	4
104	会计学	3	501004	1
105	金融学	3	501005	3
106	管理学	4	501006	2

图 11－6　"课程"数据表视图

（5）"选课"表：学号、课程号成绩，见表 11－6 所示，数据表视图如图 11－7 所示。

表 11－6　"选课"表结构

字段名称	数据类型	字段大小	常规属性
学号	文本	10	主键
课程号	文本	3	主键
成绩	数字	单精度	

学号	课程号	成绩	单击以添加
2017011220	101	98	
2017011220	102	88	
2017011220	103	76	
2017021221	101	100	
2017021221	102	98	
2017021221	104	89	
2017031220	101	58	
2017031220	105	87	
2017041210	101	88	
2017051211	101	87	
2017051211	106	76	
2017061219	101	67	
2017061219	102	79	
2017071218	101	55	
2017071218	102	38	
2017081230	101	100	
2017081230	102	96	

图 11－7　"选课"数据表视图

（6）建立每个表之间的关系，如图 11－8 所示。

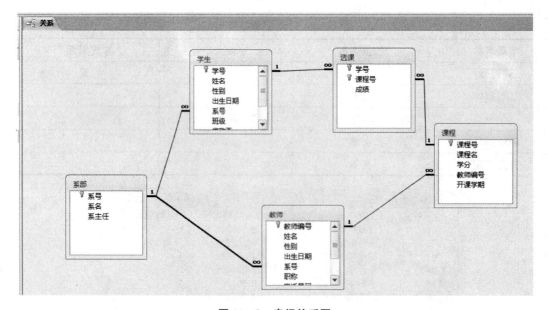

图 11－8　表间关系图

5.信息输入模块

该模块主要通过窗体完成对数据库中各个表记录的输入和编辑。

(1)"教师"表信息输入:教师表中的信息较多,设计为单个窗体样式。其中,"系号"组合框使用向导生成,"职称"组合框的"行来源类型"使用值列表。

在"教师编号"文本框中输入要查找的教师编号后,单击"查找"按钮,可以在当前窗体中显示相应的教师信息,以便于修改数据。单击"全选"按钮,可以取消筛选,恢复显示所有教师的记录。这两个命令按钮的功能用宏实现。

① 教师窗体界面如图 11-9 所示(共有命令按钮 10 个)。

图 11-9　教师窗体视图

②"查找"按钮对应的宏如图 11-10 所示:findTno 查找。

图 11-10　"查找"按钮的宏

③"全选"按钮对应的宏如图 11-11 所示：selAll 全选。

图 11-11 "全选"按钮的宏

④ 其他 8 个按钮均使用命令按钮向导完成，如图 11-12 所示。

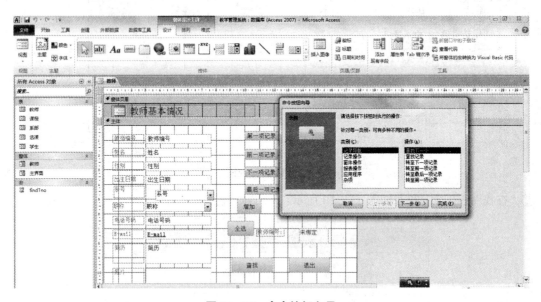

图 11-12 命令按钮向导

（2）"学生"表信息输入：该窗体的设计与"教师"窗体类似。

（3）"系部"和"课程"表信息输入：这两个表的信息较少，可以设计为表格样式的窗体。

例如，选择"系部"表，单击"创建"选项卡→"窗体"组→"其他窗体"下拉按钮，选择"数据表"，保存"系部"窗体。

（4）"选课"课信息输入：该表中的记录采用以班级和课程为单位的方式进行编辑，该窗体的设计与"教师"窗体类似。

6. 信息查询模块设计

该模块主要通过窗体完成查询参数的输入和查询结果的输出。

(1) 教师信息查询:该窗体界面如图 11 - 13 所示。

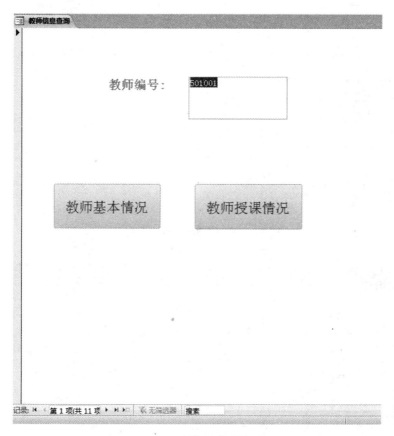

图 11 - 13　教师信息查询界面

选择某个教师编号后,单击"教师基本情况"按钮,可打开"教师基本情况"窗体,显示该教师的详细情况;单击"教授授课情况"按钮,可打开"教师授课情况"窗体,显示该教师讲授的所有课程。

"教师基本情况"窗体与输入信息的窗体很相似,只是将"系号"换成了"系名",并增加了一项年龄信息,该文本框为计算机文本框,其"控件来源"为"=(year(date())-year([出生日期])))"。

① 首先建立"教师信息查询"窗体。

② 建立"教师基本情况查询"和"教师授课情况查询",如图 11 - 14 和图 11 - 15 所示。

与此相对应的 SQL 语句如下:

SELECT 教师.教师编号, 教师.姓名, 教师.性别, 教师.出生日期, 系部.系名, 教师.职称, 教师.电话号码, 教师.[E-mail], 教师.简历, 教师.照片, Year(Date())-Year([出生日期]) AS 年龄 FROM 系部 INNER JOIN 教师 ON 系部.系号 = 教师.系号 WHERE (((教师.教师编号) = [Forms]![教师信息查询]![教师编号]));

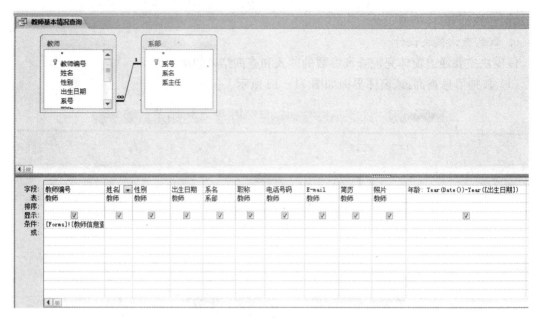

图 11-14 教师基本情况查询

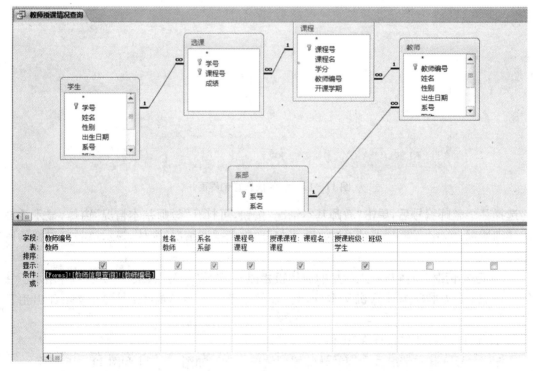

图 11-15 教师授课情况查询

③ 建立与以上两个查询对应的窗体:"教师基本情况"窗体和"教师授课情况"窗体。

④ 建立与"教师信息查询"窗体上两个命令按钮"教师基本情况"和"教师授课情况"相对应的宏:"打开教师基本情况窗体"和"打开教师授课情况窗体",如图 11-16 和图 11-17所示。

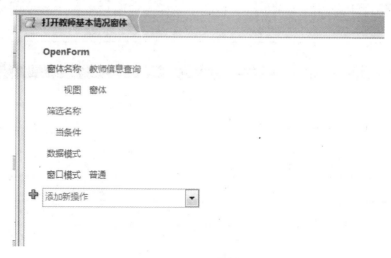

图 11-16 教师基本情况窗体宏

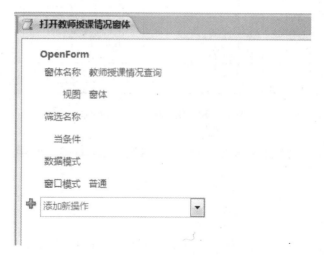

图 11-17 教师授课情况窗体宏

与此相对应的 SQL 语句如下：

SELECT 教师.教师编号，教师.姓名，系部.系名，课程.课程号，课程.课程名 AS 授课课程，学生.班级 AS 授课班级 FROM 学生 INNER JOIN (系部 INNER JOIN ((教师 INNER JOIN 课程 ON 教师.教师编号 = 课程.教师编号) INNER JOIN 选课 ON 课程.课程号 = 选课.课程号) ON 系部.系号 = 教师.系号) ON 学生.学号 = 选课.学号 WHERE (((教师.教师编号) = [Forms]! [教师信息查询]! [教师编号]))；

⑤ 建立命令按钮与事件(宏)的对应关系。

(2) 学生信息查询：该窗体界面如图 11-18 所示，对应查询如图 11-19 和图 11-20 所示。

选择学号，单击"查询"按钮，可以显示该学生的详细情况。选择班级，单击"查询"按钮，可以打开"按班级浏览学生记录"窗体，显示该班级所有学生的情况，并统计总人数。

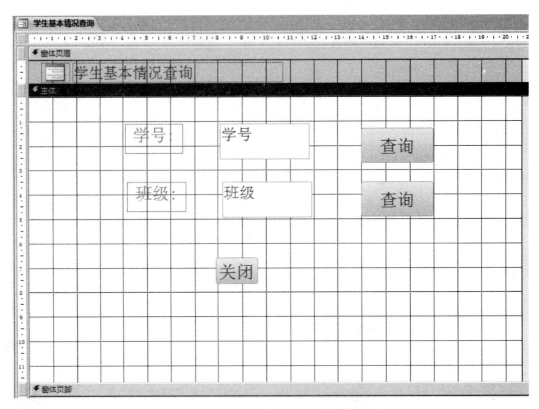

图 11-18 学生信息查询主窗体

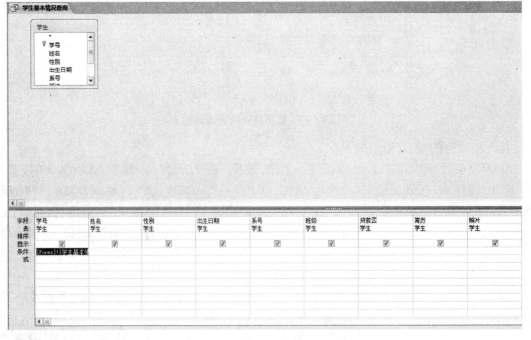

图 11-19 学生信息基本情况查询

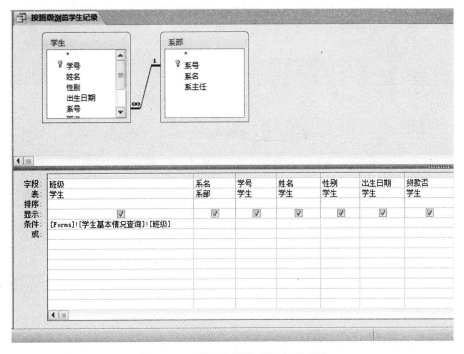

图 11-20　按班级浏览学生记录查询

创建"按班级浏览学生记录"窗体时,选择"创建"选项卡→"窗体"组中的"其他窗体"下拉箭头,选择"多个项目"后输入某学生的学号即可创建。然后在创建的窗体基础上进行手工设计,如图 11-21 所示。

图 11-21　参数输入窗口

(3) 课程信息查询:该窗体界面,可以按开课学期查询课程情况。

"开课学期"组合框的"更改"事件属性设置为一个宏,其中包含一个 ApplyFilter 操作,它的"Where 条件"参数如下:

[课程]![开课学期] = [Forms]![按学期浏览开课情况]![开课学期]

涉及一个表,所以不需要创建查询。

创建"按学期浏览开课情况"窗体时,"创建"选项卡→"窗体"组中的"其他窗体"下拉箭头,选择"多个项目"然后在创建的窗体基础上进行手工设计。分别如图 11-22、图 11-23 和图 11-24 所示。

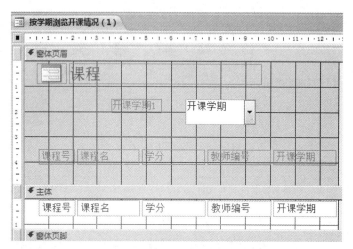

图 11‑22   创建 ApplyFilter 宏

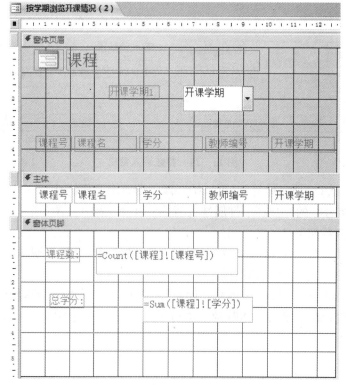

图 11‑23   按学期浏览开课情况窗体(1)

图 11‑24   按学期浏览开课情况窗体(2)

由此增加一个窗体和一个宏。

（4）选课信息查询。

① 创建"选课情况查询"，如图 11－25 所示。

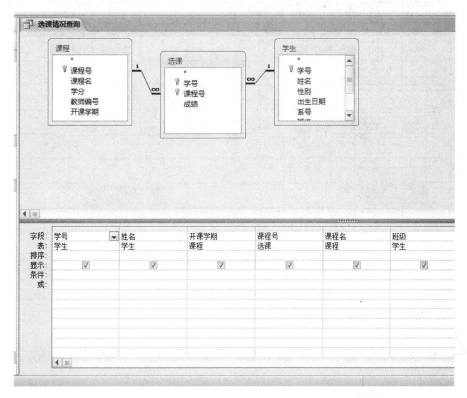

图 11－25　选课情况查询

② 创建"选课情况查询"窗体，如图 11－26 和图 11－27 所示。

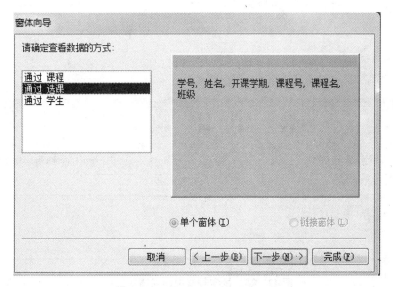

图 11－26　选课情况查询窗体设计（1）

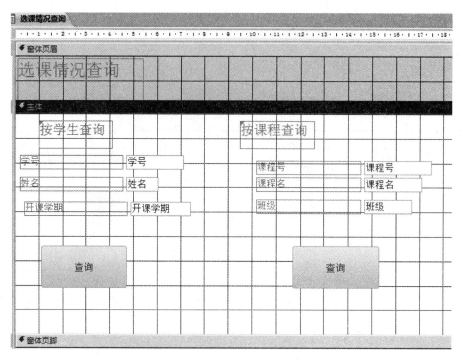

图 11 - 27　选课情况查询窗体设计（2）

③ 创建"按学号查询选课情况"查询，如图 11 - 28 所示。

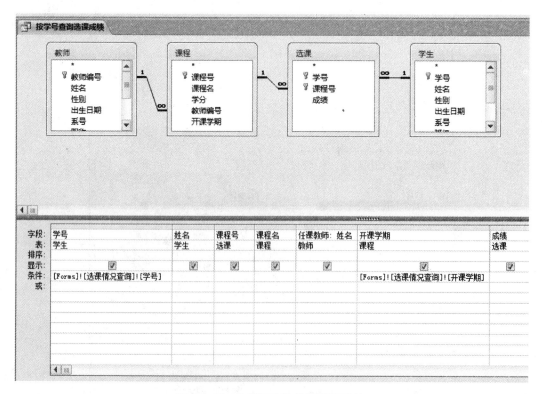

图 11 - 28　按学号查询选课情况设计

④ 创建"按学号查询选课情况"窗体,如图 11-29 所示。

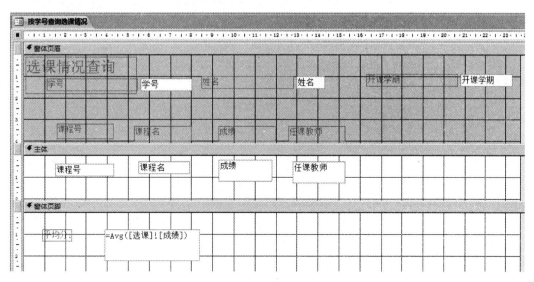

图 11-29　按学号查询选课情况窗体设计

⑤ 创建"打开按学号查询选课情况窗体"宏,并将"选课情况查询"窗体中的"查询"按钮的"单击"事件属性设置为该宏,如图 11-30 所示。

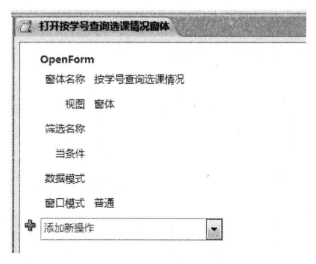

图 11-30　创建打开按学号查询选课情况窗体

⑥ 创建"按课程查询选课情况"查询,如图 11-31 所示。

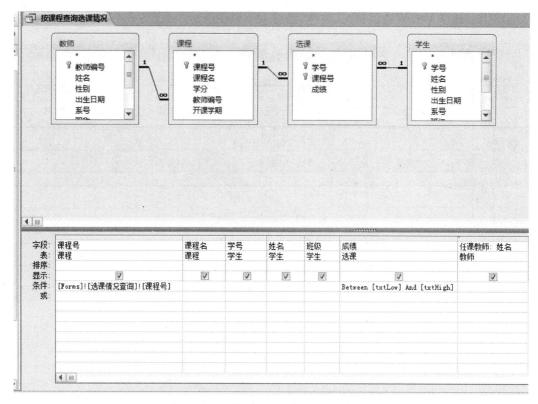

图 11 - 31 按课程查询选课情况查询设计

⑦ 以"按课程查询选课情况"为数据源创建"按课程查询选课情况子窗体",如图 11 - 32 和图 11 - 33 所示。

图 11 - 32 创建按课程查询选课情况子窗体

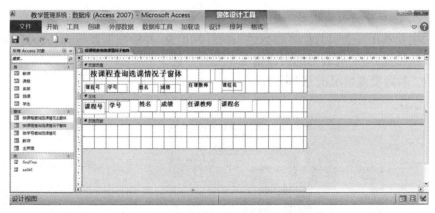

图 11-33　设计按课程查询选课情况子窗体

⑧ 建立主窗体,无记录源,在该窗体中插入"按课程查询选课情况子窗体",其中"分数下限值"文本框的名称为"txtLow";"分数上限值"文本框的名称为"txtHigh",这两个控件名称在"按课程查询选课情况"查询条件中被引用。保存该对象,命名为"按课程查询选课情况主窗体",如图 11-34 所示。

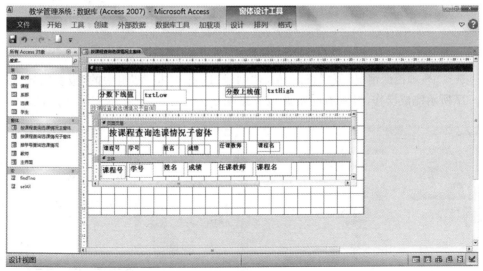

图 11-34　设计按课程查询选课情况主窗体

⑨ 创建"按课程查询选课情况"宏,并将"选课情况查询"窗体中的"查询"按钮的"单击"事件属性设置为宏,如图 11-35 所示。

图 11-35　创建按课程查询选课情况宏

7. 信息汇总和分析模块设计

该模块主要利用报表对数据库信息进行统计和汇总,并根据需要选择是否打印输出。

教师授课情况:将所有教师的授课情况汇总在一起。

① 建立"教师授课情况汇总"查询,如图 11-36 所示。

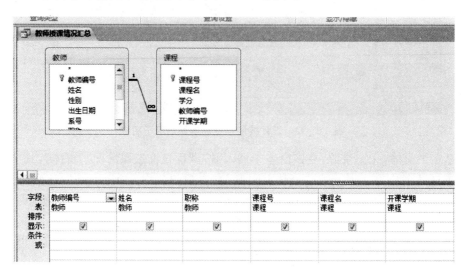

图 11-36　创建教师授课情况汇总查询

② 选择"教师授课情况汇总"查询,单击"创建"选项卡"报表"组中的"报表向导"按钮,按图 11-37 所示完成操作,报表预览如图 11-38 所示。

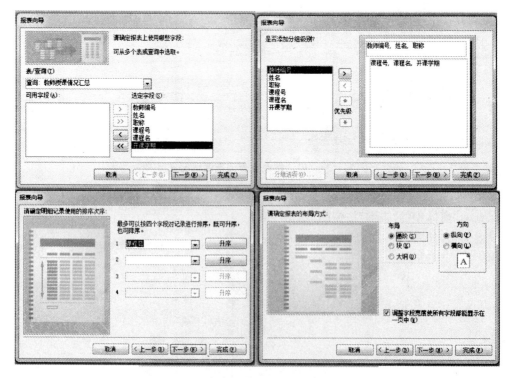

图 11-37　"教师授课情况汇总"报表设计过程

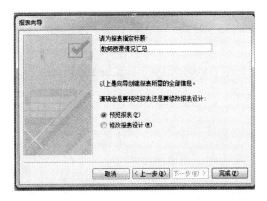

图 11－37(续)　"教师授课情况汇总"报表设计过程

教师授课情况汇总

教师授课情况汇总

教师编号	姓名	职称	课程号	课程名	开课学期
501001	张兰	教授			
			101	计算机基础	1
501002	李华	副教授			
			102	高等数学	1
501003	张媛媛	讲师			
			103	保险学	4
501004	张丽莉	讲师			
			104	会计学	1
501005	杨雄	副教授			
			105	金融学	3
501006	赵云	教授			
			106	管理学	2

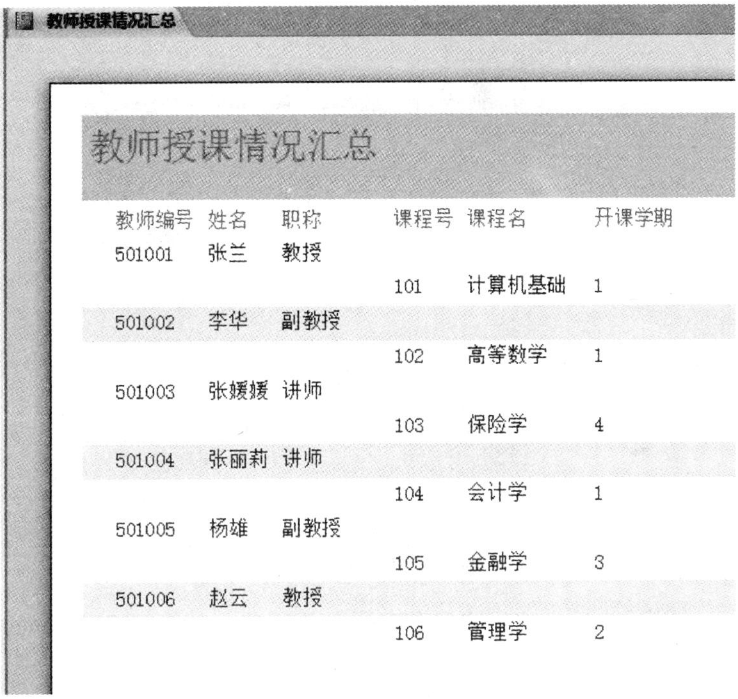

图 11－38　"教师授课情况汇总"报表预览

8. 登录界面

登录界面用于检测登录系统的用户信息，只有合法用户才允许进入本系统。窗体中有两个输入用户名和密码的文本框，名称分别为 txtName 和 txtPw，两个"确定"和"取消"命令按钮，分别对应事件代码。"密码"文本框的"输入掩码"属性设置为"密码"，如图 11－39 所示。

```
Private Sub Command4_Click()    "确定"按钮
Dim cond As String, ps As String
Static t As Integer
If IsNull(Me!txtName) Or IsNull(Me!txtPw) Then
MsgBox "必须输入用户名和密码", vbOKOnly + vbExclamation, "提示"
```

```
Else
If Me!txtName <> "ch123" Or Me!txtPw <> "1a2s3d" Then

MsgBox "用户名/密码错误", vbOKOnly + vbExclamation, "提示"
Quit
End If
Else
DoCmd.Close

DoCmd.OpenForm "主界面"
End If
End If
End Sub
```

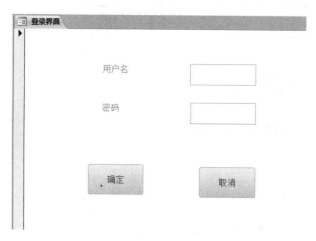

图 11-39　登录界面

本段代码用于检测用户输入的用户名和密码是否正确。若都正确,则关闭登录窗口,进入主界面;若连续 3 次输入都不正确,则退出系统。

```
Private Sub Command5_Click()    "取消"按钮
txtName.Value = ""
txtPw.Value = ""
End Sub
```

本段代码用户将用户名和密码文本框清零。

第二部分

模拟试题

模拟试题一

一、选择题

1. 若有两个字符串 s1="12345"，s2="34"，执行 s=Instr(sl,s2)后，s 的值为(　　)。
A. 5　　　　　　　　B. 2　　　　　　　　C. 4　　　　　　　　D. 3

2. 下列关于宏和宏组的说法中正确的是(　　)。
A. 不能从其他宏中直接运行宏，只能将执行宏作为对窗体、报表、控件中发生的事件作出的响应
B. 宏是由一系列操作组成，不能是一个宏组
C. 创建宏与宏组的区别在于：创建宏可以用来执行某个特定的操作，创建宏组则是用来执行一系列操作
D. 运行宏组时，Access 会从第一个操作起执行每个宏，直至已完成所有操作才会中止

3. 数据库系统在其内部具有三级模式，用来描述数据库中全体数据的全局逻辑结构和特性的是(　　)。
A. 外模式　　　　　B. 存储模式　　　　C. 内模式　　　　　D. 概念模式

4. 要改变窗体上文本框控件的数据源，应设置的属性是(　　)。
A. 控件来源　　　　B. 默认值　　　　　C. 筛选查阅　　　　D. 记录源

5. 假定有以下程序段：

```
n = 0
for i = 1 to 3
    for j = -3 to 1
        n = n + 1
    next j
next i
```

运行完毕后，n 的值是(　　)。
A. 3　　　　　　　　B. 15　　　　　　　C. 4　　　　　　　　D. 12

6. 在窗体上添加一个命令按钮，然后编写其单击事件过程为：

```
For i = l To 3
  x = 4
  For j = 1 To 4
    x = 3
    For k = l To 2
      x = x + 5
    Next k
```

```
    Next j
Next i
MsgBox x
```

则单击命令按钮后消息框的输出结果是(　　　　)。

A. 8

B. 9

C. 13

D. 7

7. 在以下叙述中,不正确的是(　　　　)。

A. Access 具备了模块化程序设计能力

B. Access 可以使用系统菜单创建数据库应用系统

C. Access 具有面向对象的程序设计能力,并能创建复杂的数据库应用系统

D. Access 不具备程序设计能力

8. 关于交叉表查询,下面的说法中不正确的是(　　　　)。

A. 左边和上面的数据在表中的交叉点可以对表中其他数据进行求和与求平均值的运算

B. 表中交叉点不可以对表中另外一组数据进行求平均值和其他计算

C. 交叉表查询是一类比较特殊的查询,它可以将数据分为两组显示

D. 两组数据,一组显示在数据表的左边,一组显示在数据表的上方

9. 设有命令按钮 Command1 的单击事件过程,代码如下:

```
Private Sub Command1_Click()
Dim a(3,3)As Integer
For i = 1 To 3
    For j = 1 To 3
        a(i,j) = i * j + i + j
    Next j
Next i
Sum = 0
For i = 1 To 3
    Sum = Sum + a(i,4 - i)
Next i
MsgBox Sum
End Sub
```

运行程序,单击命令按钮,消息框输出结果是(　　　　)。

A. 22

B. 15

C. 7

D. 8

10. "输入掩码"属性用于设定控件的输入格式,其中仅可以对(　　　　)数据进行输入掩码
向导的设置。

A. 文本型和数值型

B. 文本型和日期/时间型

C. 文本型和逻辑型

D. 数值型和日期/时间型

11. 要限制宏命令的操作范围,可以在创建宏时定义(   )。

A. 宏操作对象

B. 宏条件表达式

C. 宏操作目标

D. 窗体或报表控件属性

12. 如果一个教师可以讲授多门课程,一门课程可以由多个教师来讲授,则教师与课程存在的联系是(   )。

A. 多对多

B. 一对一

C. 一对多

D. 多对一

13. 使用(   )创建报表时,会提示用户输入相关数据源、字段和报表版面格式等信息。

A. 图标向导

B. 自动报表

C. 标签向导

D. 报表向导

14. 下列叙述中,不属于设计准则的是(   )。

A. 设计功能可预测的模块

B. 设计成多入口、多出口模块

C. 使模块的作用域在该模块的控制域中

D. 提高模块独立性

15. 控件的类型可以分为(   )。

A. 结合型、非结合型、计算型

B. 计算型、非计算型、对象型

C. 对象型、结合型、计算型

D. 结合型、非结合型、对象型

16. 表达式"1+3\2>1 Or 6 Mod 4<3 And Not 1"的运算结果是(   )。

A. 其他

B. 1

C. 0

D. -1

17. 在窗体中有一个命令按钮 Command1,对应的事件代码如下:

```
Private Sub Command1_Enter()
    Dim num As Integer
    Dim a As Integer
```

```
    Dim b As Integer
    Dim i As Integer
    For i = 1 To 10
        num = InputBox("请输入数据:","输入",1)
        If Int(num /2) = num /2 Then
            a = a + 1
        Else
                        b = b + 1
        End If
          Next i
          MsgBox("运行结果:a = "& Str(a)&: ",b = "& Str(b))
          End Sub
```

运行以上事件所完成的功能是(　　)。

A. 对输入的 10 个数据分别统计有几个是奇数,有几个是偶数

B. 对输入的 10 个数据求累加和

C. 对输入的 10 个数据分别统计有几个是整数,有几个是非整数

D. 对输入的 10 个数据求各自的余数,然后再进行累加

18. 数据流图用于抽象描述一个软件的逻辑模型,数据流图由一些特定的图符构成。下列图符名标识的图符不属于数据流图合法图符的是(　　)。

A. 加工

B. 源和潭

C. 控制流

D. 存储文件

19. 将两个关系拼接成一个新的关系,生成的新关系中包含满足条件的元组,这种操作称为(　　)。

A. 除法

B. 投影

C. 选择

D. 连接

20. 在窗体上画一个命令按钮,其名称为 Command1,然后编写如下事件过程:

```
Private Sub Command1_Click()
Dim a1(4,4),a2(4,4)
For i = 1 To 4
    For j = 1 To 4
        a1(i,j) = i + j
        a2(i,j) = a1(i,j) + i + j
    Next j
Next i
MsgBox(a1(3,3) * a2(3,3))
```

End Sub

程序运行后,单击命令按钮,消息框输出的是(　　　)。

A. 48

B. 96

C. 72

D. 128

21. VBA 中不能进行错误处理的语句是(　　　)。

A. On Error Goto 标号

B. On Error Resume Next

C. On Error Goto 0

D. On Error Then 标号

22. 若要查询成绩为 85~100 分(包括 85 分,不包括 100 分)的学生的信息,查询准则设置正确的是(　　　)。

A. IN(85,100)

B. >=85 and <100

C. Between 85 with 100

D. >84 or <100

23. 在窗体中添加一个命令按钮(名称为 Command1),然后编写如下代码:

Private Sub Command1_Click()

a = 3 : b = 4 : c = 5

MsgBox　a = b + c

End Sub

窗体打开运行后,如果单击命令按钮,则消息框的输出结果为(　　　)。

A. False

B. a=9

C. 0

D. 9

24. 以下叙述中正确的是(　　　)。

A. 在一个函数中,只能有一条 return 语句

B. 函数必须有返回值

C. 函数的定义和调用都可以嵌套

D. 不同的函数中可以使用相同名字的变量

25. 下列关于栈和队列的描述中,正确的是(　　　)。

A. 栈是先进先出

B. 栈在栈顶删除元素

C. 队列是先进后出

D. 队列允许在队头删除元素

26. 通过 ACCESS 窗体,用户可以完成的功能有(　　　)。

① 输入数据

② 编辑数据

③ 存储数据

④ 以行、列形式显示数据

⑤ 显示和查询表中的数据

⑥ 导出数据

A. ①②③

B. ①②⑤

C. ①②④

D. ①②⑥

27. 报表页面页眉主要用来(　　　)。

A. 显示本页的汇总说明

B. 显示记录数据

C. 显示报表的标题、图形或说明文字

D. 显示报表中字段名称或对记录的分组名称

28. 如果设置报表上某个文本框的控件来源属性为"＝3 * 2＋7",预览此报表时,该文本框显示信息是(　　　)。

A. 3 * 2＋7

B. 13

C. 未绑定

D. 出错

29. 下列关于准则的说法,正确的是(　　　)。

A. 同行之间为逻辑"与"关系,不同行之间为逻辑"或"关系

B. 日期/时间类型数据须在两端加"[ ]"

C. 数字类型的条件需加上双引号(" ")

D. NULL 表示数字 0 或者空字符串

30. 在 VBA 中,如果没有显式声明或用符号来定义变量的数据类型,变量的默认数据类型为(　　　)。

A. Int

B. Boolean

C. Variant

D. String

31. 在下面关于数据表视图与查询关系的说法中,错误的是(　　　)。

A. 基础表中的数据不可以在查询中更新,这与在数据表视图的表窗口中输入新值不一样,因为这里充分考虑到基础表的安全性

B. 查询可以将多个表中的数据组合到一起,使用查询进行数据的编辑操作可以像在一个表中编辑一样,对多个表中的数据同时进行编辑

C. 在查询的数据表视图中对显示的数据记录的操作方法和表的数据表视图中的操作相同

D. 在查询的数据表视图和表的数据表视图中窗口几乎相同

32. 在窗体上添加一个命令按钮(名为 Command1),编写如下事件过程:

```
Private Sub Command1_Click()
    For i = 1 To 4
     x = 4
     For j = 1 To 3
       x = 3
       For k = 1 To 2
         x = x + 6
       Next k
     Next j
    Next i
    MsgBox x
End Sub
```

打开窗体后,单击命令按钮,消息框的输出结果是(　　　)。

A. 7

B. 15

C. 528

D. 157

33. 假设已在 Access 中建立了包含"姓名"、"基本工资"和"奖金"三个字段的职工表,以该表为数据源创建的窗体中,有一个计算实发工资的文本框,其控件来源为(　　　)。

A. 基本工资＋奖金

B. ＝基本工资＋奖金

C. ＝[基本工资]＋[奖金]

D. [基本工资]＋[奖金]

34. 没有数据来源,且可以用来显示信息、线条、矩形或图像控件的类型是(　　　)。

A. 非计算型

B. 计算型

C. 结合型

D. 非结合型

35. 关于 SQL 查询,以下说法不正确的是(　　　)。

A. 在查询设计视图中创建查询时,Access 将在后台构造等效的 SQL 语句

B. SQL 查询是用户使用 SQL 语句创建的查询

C. SQL 查询更改之后,可以以设计视图中所显示的方式显示,也可以从设计网格中进行创建

D. SQL 查询可以用结构化的查询语言来查询、更新和管理关系数据库

36. 在现实世界中,每个人都有自己的出生地,实体"人"与实体"出生地"之间的联系是(　　　)。

A. 一对一联系

B. 多对多联系

C. 无联系

D. 一对多联系

37. 属性值用于设置控件显示特效,下列属于"特殊效果"的属性值的是(   )。

① 面　② 颜色　③ 凸起　④ 蚀刻　⑤ 透明　⑥ 阴影　⑦ 凹陷　⑧ 凿痕　⑨ 倾斜

A. ①④⑤⑥⑦⑧⑨

B. ①②③④⑤⑥

C. ①③④⑤⑥⑦

D. ①③④⑤⑥⑦⑧

38. 在窗体上画一个命令按钮,名称为 Command1,然后编写如下事件过程:

```
Private Sub Command1_Click()
Dim a()
a = Array("机床","车床","钻床","轴承")
Print a
End Sub
```

程序运行后,如果单击命令按钮,则在窗体上显示的内容是(   )。

A. 车床

B. 钻床

C. 轴承

D. 机床

39. VBA 程序流程控制的方式有(   )。

A. 分支控制、顺序控制和循环控制

B. 顺序控制、选择控制和循环控制

C. 顺序控制、条件控制和选择控制

D. 条件控制、选择控制和循环控制

40. 下列关于控件的说法错误的是(   )。

A. 控件都可以在窗体"设计"视图中的工具箱中看到

B. 控件的类型可以分为:结合型、非结合型、计算型和非计算型

C. 在窗体中添加的对象都称为控件

D. 控件是窗体上用于显示数据和执行操作的对象

二、基本操作题

1. 为"tCourse"表中"课程类别"字段创建查阅列表,列表中显示"必修课"、"限选课"和"任选课"。

2. 将"tTeacher"表中的"联系电话"字段的数据类型改为"文本",并设置该字段相应属性使得只能输入 8～11 位数字(说明:至少输入 8 位)。

3. 对"tTeacher"表中"性别"字段进行适当设置,使其新记录的默认值为"男"。

4. 复制"tTeacher"表的结构和数据,重命名为"tTeacher2",并使用"按窗体筛选"方法筛选"tTeache2r"表中男硕士和女党员,并保存。

5. 冻结"tTeacher"表中"教师编号"列,并按"系别"升序排序。

6. 选择合适的字段为"tCourse"表设置主键,建立"tTeacher"、"tLecture"和"tCourse"三张表之间的关系,并全部实施参照完整性。

三、简单应用题

1. 创建名为"Q1"的查询,查找"出厂价"高于 8(不含 8)的产品的库存数量之和,并显示"库存数量和"字段的内容。

2. 创建名为"Q2"的查询,查找"库存数量"低于"最低储备"的产品,并显示"产品名称"、"库存数量"和"最低储备"字段的内容。

3. 创建名为"Q3"的查询,查找统计每种"产品名称"有多少个"规格",并且该产品的"最高储备"应大于 1000,将找到的记录的"产品名称"和"规格种类数"字段的内容追加到"tTemp"表对应字段中,并确保追加到"tTemp"表中的记录按"规格种类数"从小到大排序(要求:建立查询后,只运行一次)。

4. 利用向导创建名为"W1"的窗体,显示"库存"表中的全部数据,窗体布局为数据表方式,标题为"库存情况"。

5. 创建名为"H1"的宏,按下列顺序完成操作:

(1) 打开数据表"库存";

(2) 显示消息框,标题为"系统提示",信息为"数据表已经打开";

(3) 关闭打开的"库存"数据表。

6. 创建名为"H2"的宏,可导出"W1"窗体的记录,导出格式为"Excel 工作簿(* . xlsx)";将该宏与"W1"窗体的"关闭"事件相关联,实现关闭窗体时自动导出窗体所有记录(要求:建立该宏后,运行测试结果不用保存)。

四、综合应用题

1. 对已有窗体"fSearch"进行以下设置:

(1) 将窗体标题设为"教师基本信息查询",将窗体中名称为"lTitle"的标签控件上的文字颜色改为"蓝色"(♯0000FF)、字体名称改为"华文行楷"、字体大小改为 22;

(2) 将窗体边框改为"细边框"样式,取消窗体中的水平和垂直滚动条、记录选定器和分隔线,并且只保留窗体的关闭按钮;

(3) 在"窗体页眉"节中添加一个组合框控件,其列表中显示的是"tTeacher"表的"教师编号"字段的值,修改组合框的名称为"z1";

(4) 创建名为"H3"的宏实现查询功能,使其能够根据组合框中的教师编号,查询显示该教师的详细信息,并将该宏与"查找"按钮的单击事件关联(要求:必须使用查找宏)。

2. 创建一个报表,如下图所示,按"职称"分组统计显示教师的信息(显示内容为:职称、教师编号、姓名、性别和学历)。具体设置如下:

(1) 报表名为"r1";报表所用布局方式为"递阶",方向为"纵向",按"职称"降序排序,报表标题为"教师授课情况表";

(2) 在组页脚内分别添加两个文本框控件名称为"text01"和"text02",文本框所绑定的标签控件的标题分别为"男教师人数"和"女教师人数",并在分别在"text01"和"text02"文本框内计算各职称男教师人数和女教师人数;

　　（3）在报表脚内添加一个文本框控件名称为："text03"，文本框所绑定的标签控件的标题为："教师人数"，并在"text03"文本框内计算教师的总人数。

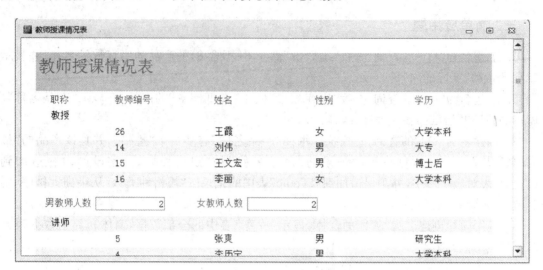

模拟试题二

一、选择题

1. 将信息系 2010 年以前参加工作的教师的职称改为副教授,合适的查询为(   )。
A. 删除查询
B. 追加查询
C. 生成表查询
D. 更新查询

2. Access 通过数据访问页可以发布的数据(   )。
A. 只能是数据库中变化的数据
B. 是数据库中任何保存的数据
C. 只能是静态数据
D. 只能是数据库中保持不变的数据

3. 在教师表中,如果要找出职称为"教授"的教师,所采用的关系运算是(   )。
A. 选择
B. 联接
C. 投影
D. 自然联接

4. 对建立良好的程序设计风格,下面描述正确的是(   )。
A. 符号名的命名只要符合语法
B. 程序应简单、清晰、可读性好
C. 程序的注释可有可无
D. 充分考虑程序的执行效率

5. 在窗体中添加一个名称为 Command1 的命令按钮,然后编写如下程序:

```
Public x As Integer
Private Sub Command1_Click()
  x = 10
  Call s1
  Call s2
  MsgBox x
End Sub
Private Sub s1()
  x = x + 20
End Sub
```

```
Private Sub s2()
   Dim x As Integer
   x = x + 20
End Sub
```

窗体打开运行后，单击命令按钮，则消息框的输出结果为（   ）。

A. 10

B. 30

C. 40

D. 50

6. 在一个数据库中已经设置了自动宏 AutoExec，如果在打开数据库的时候不想执行这个自动宏，正确的操作是（   ）。

A. 打开数据库时按住 Shift 键

B. 打开数据库时按住 Alt 键

C. 按 Enter 键打开数据库

D. 打开数据库时按住 Ctrl 键

7. 下列选项中，不属于数据库管理的是（   ）。

A. 数据库的校对

B. 数据库的监控

C. 数据库的调整

D. 数据库的建立

8. 可以连接数据源中"OLE"类型的字段的是（   ）。

A. 绑定对象框

B. 组合框

C. 文本框

D. 非绑定对象框

9. 两个关系在没有公共属性时，其自然连接操作表现为（   ）。

A. 笛卡儿积操作

B. 无意义的操作

C. 空操作

D. 等值连接操作

10. DAO 的含义是（   ）。

A. 数据库访问对象

B. 开放数据库互联应用编程接口

C. Active 数据对象

D. 动态链接库

11. 下面显示的是查询设计视图的"设计网络"部分，从此部分所示的内容中可以判断出要创建的查询是（   ）。

A. 选择查询

B. 生成表查询

C. 删除查询

D. 更新查询

12. 在显示查询结果时,如果要将数据表中的"出生日期"字段名显示为"年龄",可在查询设计视图中改动(   )。

A. 条件

B. 字段

C. 显示

D. 排序

13. 在窗体上,设置控件 Com1 为不可见的属性是(   )。

A. Com1. Enabled

B. Com1. Caption

C. Com1. Visible

D. Com1. Name

14. 在窗体上画一个命令按钮,名称为 Command1,然后编写以下事件过程:

Private Sub Command1_Click()

Dim a()

    a = Array("机床","车床","钻床","轴承")

    Print a

End Sub

程序运行后,如果单击命令按钮,则在窗体上显示的内容是(   )。

A. 车床

B. 轴承

C. 钻床

D. 机床

15. 用于打开查询的宏命令是(   )。

A. OpenTable

B. OpenReport

C. OpenForm

D. OpenQuery

16. 数据管理技术发展的三个阶段中,(   )没有专门的软件对数据进行管理。

Ⅰ 人工管理阶段　　　Ⅱ. 文件系统阶段　　　Ⅲ. 数据库阶段

A. 仅Ⅲ

B. 仅Ⅰ

C. Ⅰ和Ⅱ

D. Ⅱ和Ⅲ

17. 长度为 n 的线性表,在最坏情况下,下列各排序法所对应的比较次数中正确的是(   )。

A. 冒泡排序为 $n(n-1)/2$

B. 希尔排序为 n

C. 简单插入排序为 n

D. 快速排序为 $n/2$

18. 内聚性是对模块功能强度的衡量,下列选项中,内聚性较弱的是(　　)。

A. 偶然内聚

B. 时间内聚

C. 顺序内聚

D. 逻辑内聚

19. 下面关于 Access 表的叙述中,正确的是(　　)。

A. 创建表之间的关系时,应关闭所有打开的表

B. 在 Access 表中,不能对备注型字段进行"格式"属性设置

C. 若删除表中含有自动编号型字段的一条记录,Access 不会对表中自动编号型字段重新编号

D. 可在 Access 表的设计视图"格式"列中对字段进行具体的说明

20. 以下的 SQL 语句中,(　　)语句用于创建表。

A. ALTER TABLE

B. CREATE INDEX

C. DROP

D. CREATE TABLE

21. 在窗体中添加一个命令按钮(名称为 Command1),然后编写以下代码:

```
Private Sub Command1_Click()
        a = 3:b = 4:c = 5
        MsgBox   a = b + c
End Sub
```

窗体打开运行后,如果单击命令按钮,则消息框的输出结果为(　　)。

A. 0

B. False

C. a＝9

D. 9

22. 某窗体中有一命令按钮,名称为 Command1。要求在窗体视图中单击此命令按钮后,命令按钮上显示的文字颜色变为棕色(棕色代码为 128),实现该操作的 VBA 语句是(　　)。

A. Command1. ForeColor＝128

B. Command1. DisableColor＝128

C. Command1. Color＝128

D. Command1. BackColor＝128

23. 以下程序段运行后,消息框的输出结果是(　　)。

```
a = 10
b = 20
c = a＜b
MsgBox   c + 1
```

A. 0

B. −1

C. 2

D. 1

24. 待排序的关键码序列为(15,20,9,30,67,65,45,90),要按关键码值递增的顺序排序,采取简单选择排序法,第一趟排序后,关键码 15 被放到第( )个位置。

A. 3

B. 4

C. 5

D. 2

25. 在 Access 中,如果在模块的过程内部定义变量,则该变量的作用域为( )。

A. 全局范围

B. 模块范围

C. 局部范围

D. 程序范围

26. 在窗体中添加了一个文本框和一个命令按钮(名称分别为 Text1 和 Command1),并编写了相应的事件过程。运行此窗体后,在文本框中输入一个字符,则命令按钮上的标题变为"Access 模拟"。以下能实现上述操作的事件过程是( )。

A. Private Sub Text1_Click()

    Command1. Caption="Access 模拟"

      End Sub

B. Private Sub Command1_Click()

    Caption="Access 模拟"

    End Sub

C. Private Sub Command1_Change()

    Caption="Access 模拟"

      End Sub

D. Private Sub Text1_Change()

    Command1. Caption="Access 模拟"

    End Sub

27. 在窗体上画一个名称为 Cl 的命令按钮,然后编写以下事件过程:

```
Private Sub Cl_Click()
a = 0
n = InputBox("")
For i = l To n
  For j = l To i
    a = a + 1
  Next j
 Next i
```

```
Print a
End Sub
```

程序运行后单击命令按钮,如果输入 4,则在窗体上显示的内容是( )。

A. 6

B. 10

C. 5

D. 9

28. 属性值用于设置控件的显示特效,下列属于"特殊效果"的属性值的是( )。

① 平面 ② 颜色 ③ 凸起 ④ 蚀刻 ⑤ 透明 ⑥ 阴影 ⑦ 凹陷 ⑧ 凿痕 ⑨ 倾斜

A. ①③④⑤⑥⑦⑧

B. ①③④⑤⑥⑦

C. ①②③④⑤⑥

D. ①④⑤⑥⑦⑧⑨

29. 用于从其他数据库导入和导出数据的宏命令是( )。

A. TransferData

B. TransferDatabase

C. TransferValue

D. TransferText

30. 执行 x＝InputBox("请输入 x 的值")时,在弹出的对话框中输入 12,在列表框 Listl 选中第一个列表项,假设该列表项的内容为 34,使 y 的值是 1234 的语句是( )。

A. y＝Val(x)&Val(List1.List(0))

B. y＝Val(x)＋Val(List1.List(1))

C. y＝Val(x)&Val(Listl.List(1))

D. y＝Val(x)＋Val((Listl.List(0)))

31. Access 所设计的数据访问页是一个( )。

A. 独立的外部文件

B. 在数据库文件中的文件

C. 数据库记录的超链接

D. 独立的数据库文件

32. 数据结构中,与所使用的计算机无关的是数据的( )。

A. 物理结构

B. 逻辑结构

C. 存储结构

D. 线性结构

33. 能够接受数值型数据输入的窗体控件是( )。

A. 文本框

B. 标签

C. 命令按钮

D. 图形

34. 以下程序段运行结束后,变量 x 的值为(　　　)。

x = 2

y = 4

Do

　　x = x * y

　　y = y + 1

Loop While y<4

A. 8

B. 32

C. 4

D. 2

35. 已知程序段:

sum = 0

For　i = 1 to 10 step 3

　sum = sum + i

　i = i * 2

Next i

当循环结束后,变量 i、sum 的值分别为(　　　)。

A. 10、6

B. 13、6

C. 13、5

D. 10、5

36. VBA 程序的多条语句写在一行中时,其分隔符必须使用符号(　　　)。

A. 分号(;)

B. 冒号(:)

C. 逗号(,)

D. 单引号(')

37. Access 数据库中,为了保持表之间的关系,要求在子表(从表)中添加记录时,如果主表中没有与之相关的记录,则不能在子表(从表)中添加该记录,为此需要定义的关系是(　　　)。

A. 默认值

B. 输入掩码

C. 有效性规则

D. 参照完整性

38. 在 SQL 查询中,若要取得"学生"数据表中的所有记录和字段,其 SQL 语法为(　　　)。

A. SELECT 姓名 FROM 学生

B. SELECT 姓名 FROM 学生 WHERE 学号＝02650

C. SELECT ＊ FROM 学生

D. SELECT ＊ FROM 学生 WHERE 学号＝02650

39. 要限制宏操作的范围,可以在创建宏时定义(   )。

A. 宏操作对象

B. 宏条件表达式

C. 宏操作参数

D. 宏操作备注

40. 假定在窗体中的通用声明段已经定义有如下的子过程:

Sub f(x As Single, y As Single)

  t = x

  x = y

  y = x

End Sub

在窗体上添加一个命令按钮(名为 Command1),然后编写以下事件过程:

Private Sub Command1_Click()

  a = 10

  b = 20

  f(a, b)

MsgBox a&b

End Sub

打开窗体运行后,单击命令按钮,消息框输出的值分别为(   )。

A. 20 和 10

B. 10 和 10

C. 20 和 20

D. 10 和 20

二、基本操作题

1. 在"职工"表的"职称"字段前面插入一个新字段"照片",数据类型为"OLE"型。

2. 设置"职工"表中的"性别"字段的相关属性,使其不能输入"男"和"女"以外的其他值,违反此规则时应显示文本"请输入男女"。

3. 将"职工"表中的"性别"字段的默认值设置为"男"。

4. 设置"职工"表中的"仓库号"表字段值为下拉列表选择,可选的值为"wh1"、"wh2"、"wh3"、"wh4"、"wh5"、"wh6"。

5. 复制"职工"表的结构和数据,重命名为"职工 2",并使用"按窗体筛选"方法筛选"职工 2"表中 5 月份出生的员工,并保存。

6. 观察每个表的数据,为每个表设置主键,建立各表之间的关系,并实施参照完整性。

三、简单应用题

1. 创建一个查询(如下图所示),查找每种"产品名称"的规格种类数,并且要求该产品名称的库存数量应高于 1000,查询结果显示"产品名称"和"规格种类数"字段,所建查询名为"Q1"。

2. 创建一个查询,运行查询时可将"tStock"表中所有"灯泡"的出厂价涨价 10%,所建查询名为"Q2"(要求:建立查询后,只能运行一次)。

3. 创建一个交叉表查询(如下图所示),计算每类产品不同单位的库存金额总计,要求:每行第一列显示"产品名称",每列第一行显示"单位",所建查询名为"Q3"(说明:库存金额=出厂价×库存数量)。

4. 创建名为"H1"的宏,按下列顺序完成操作:

(1) 显示一个提示框,标题为"欢迎",消息为"欢迎使用产品库存管理系统",类型为"警告",并发出嘟嘟声;

(2) 打开已存在的"fMain"窗体。

5. 使用向导创建一个窗体,显示每种产品的库存信息(显示内容为"tStock"表的全部字段),窗体所用布局为"纵栏式",窗体标题为"产品库存信息",所建窗体名为"fStock",并将该窗体的"打开"事件与"H1"宏相关联。

6. 建立一个名为"r1"的图表报表,统计每种"产品名称"的规格种类数,数据来源为"tStock"表,显示格式及内容参照下图所示。

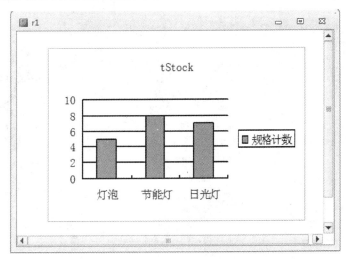

四、综合应用题

1. 建立一个名为"学生基本信息"的窗体,结果如下图所示:

具体要求如下:

(1) 使用窗体向导创建窗体,窗体上使用的字段是"学生编号"、"姓名"、"性别"、"出生日期"、"团员否"、"所属院系",布局为数据表式,窗体标题为"学生基本信息",其他默认;

(2) 修改窗体,在窗体页眉处添加一个选项组,如上图所示进行设置和布局,选项组名称为"F 性别";

(3) 创建名为"H2"的宏,完成功能:当用户在"学生基本信息"窗体上单击了"男"选项,窗体下半部显示全体男同学的记录;单击了"女"选项,窗体下半部显示全体女同学的记录;单击了"全体"选项,窗体下半部显示全体同学的记录;

(4) 将宏 H2 关联到"F 性别"选项组的单击事件上。

2. 创建名为"P1"的报表,按照下列的要求完成操作:

(1) 使用报表向导创建"P1",报表中每页显示内容为"student"表中除"简历"以外的全部字段,其他均使用默认参数;

(2) 利用功能区中"排序与分组"命令,对报表按"所属院系"字段进行分组;

(3) 在"所属院系"页脚中添加一个文本框控件,名称:"text18",计算每个学院的团员人数,格式如下图所示。

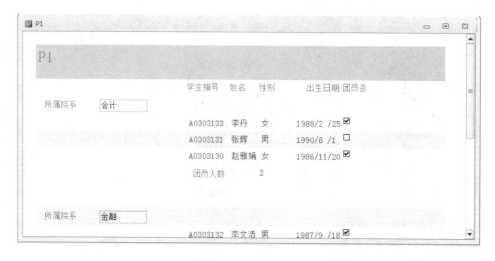

参考文献

［1］郑小玲. Access 数据库实用教程习题与实验指导. 北京：人民邮电出版社，2010.

［2］刘珊慧，等. 数据库技术应用基础——Access2010. 南京：南京大学出版社，2015.

［3］李希勇，等. Access 数据库实用教程. 北京：中国铁道出版社，2012.

［4］彭小利. Access2010 数据库程序设计实验教程. 北京：中国水利水电出版社，2014.

［5］李湛. Access2010 数据库应用习题与实验指导教程. 北京：清华大学出版社，2013.

［6］赵洪帅，等. Access2010 数据库上机实训指导. 北京：中国铁道出版社，2013.

［7］刘东晓，等. 数据库应用基础（Access2010）实验实训指导. 北京：人民邮电出版社，2014.

［8］徐效美，等. Access 数据库应用技术实验教程. 北京：高等教育出版社，2012.